CHEERS
湛庐

Ann Hiatt

BET ON YOURSELF

投资你自己

[美] 安·希亚特 著　　马社林 译

浙江教育出版社·杭州

测一测

如何做才能在职业发展道路上快速成长?

扫码加入书架
领取阅读激励

- 想要创造突破性的机遇，你需要如何做?（单选题）

  A. 尽早投资自己

  B. 保持学习永无止境的态度

  C. 寻找让你最不安但又最兴奋的事情

  D. 以上全是

- 与新任领导者交流的关键在于:（单选题）

  A. 沿用旧的沟通方式

  B. 重新定义你的贡献

  C. 关注领导者的期望

  D. 避免提出任何新的想法

扫码获取全部测试题及答案，一起了解如何提高自己的职场价值

- 如何做才能更有效地发掘自己的真正价值?（单选题）

  A. 模仿他人的成功路径

  B. 放下个人兴趣和激情

  C. 关注短期利益和回报

  D. 重新优化自身技能

扫描左侧二维码查看本书更多测试题

人生就是一场价值投资

朱岩梅
香港中文大学（深圳）公共政策学院副院长

《投资你自己》是一本很有实践指导价值的书。作为亚马逊、谷歌等顶级公司的参谋长或高级助手，作者安·希亚特通过回忆与 3 位著名 CEO——贝佐斯、施密特及梅耶尔一起工作过程中的大量真实案例，总结了自己的成长路径，为普通人提炼了一套“自我进阶指南”，帮助读者以更具战略性和行动力的方式去规划人生、提升自我。

个人成长本质上就是一项“长期投资”，需要耐心、策略和原则，可以借用沃伦·巴菲特和查理·芒格所倡导的“价值投资”理念。在这个世界上，最值得投资的“资产”，不是房子、黄金、股票，而是你自己。你的知识、能力、健康、习惯、视野，乃至你的人际网络，包括亲情关系，构成了你人生的“核心资产”。只有不断投资于它们，才能在未来获得“复利”般的回报。

给自己找导师，是最明智的投资。

我在《人才基因》一书中写到了比尔·坎贝尔（Bill Campbell）。他是极具影响力的教练型人物，被誉为“硅谷万亿美元的高管教练”，曾指导过包括乔布斯、施密特、桑德伯格在内的众多科技领袖。这让我深有共鸣。

在我的职业生涯中，每一次重要转折点，都是我想主动为自己寻找更高层次的导师。无论是从大学投身产业界，还是一年前从产业界回归大学，我都把能否接触到更优秀的引领者、导师和同行者作为重要考量。因为我知道，一棵树能长多高，既取决于种子，也取决于阳光以及土壤、环境。给自己寻找更好的导师，然后追随他，是人生中最明智，也是最考验眼光的投资。

最好的投资，就是投资你自己。

- **看清自己的内在价值：**了解自己的优势与短板，就像投资者分析一家公司的基本面。
- **持续积累能力资产：**保持学习状态比取得完美成绩更重要，不断学习新技能、拓展认知边界，坚持长期主义，如同买入优质股票并长期持有。
- **构建支持性网络：**与优秀的人同行，向更优秀的人学习，在家人身上投入时间，这是一生最重要的资产。
- **敢于冒险，拥抱不确定性：**不冒险就没有成长的可能，面对变化不焦虑、不盲动，保持冷静判断，不要过早追求稳定。

人这一生最重要的项目，就是经营好你自己。《投资你自己》正如一本教人如何做自己“人生 CEO”的实战手册。

无论你是刚步入职场的年轻人，还是正在寻求转型的资深从业者，抑或是渴望在生活中找到更多意义的普通人，这本书都能为你提供清晰的方向、实用的方法和强大的精神动力。

在这个剧变的时代，做一个对自己最有眼光、最有耐心的投资者，坚定地走属于自己的成长之路，要始终记得：**价格是你付出的时间与精力，价值是你要成为的那个更好的自己。**

如何在不确定时代成为
自己职业生涯的“投资人”

汤君健
茂诺咨询创始人，《科学用人》《带团队的方法》作者

作为在得到 App 上拥有近 100 万付费用户的职场课主理人，我见过太多优秀的职场人，因为找不到工作的价值感，产生严重的职业倦怠而跳“槽”，结果却是越跳越“糟”；或者自我设限，把自己困死在所谓的职业边界里，一旦遇到行业、企业的变动，就会面临无法再就业的结构化困局。当下，AI 替代的话题更是让职场人感受到了前所未有的焦虑。在看完本书的那一刻，我就想为这本书写推荐序！因为我意识到了这本书的价值，它揭示了一个核心真相：职业生涯的本质，是持续对自我价值的主动的、持续的战略投资，而不是躲在舒适区里囤积筹码。

用大白话说就是：像经营一家公司一样，经营自己。

翻开安·希亚特的职业履历，如同一部硅谷传奇的缩影：从险些“害死”贝佐斯的直升机事故中锤炼韧性，在谷歌早期混乱中为梅耶尔开拓媒体疆土，最终成为施密特的首席顾问并创立国际咨询公司。但《投资你自己》绝非成功学的炫耀，而是一本将顶尖科技公司生存法则转化为普适成长策略的实战手册。

为何这本书能穿透职场全周期，帮助你经营好“我”这家公司？

作者以三重独特视角构建了不可复制的价值体系：

- **学徒视角。**作为贝佐斯最早的助理，亲历亚马逊从破产边缘到定义电商规则的逆袭，学习“长期主义”的决策逻辑。
- **执行者视角。**担任梅耶尔左膀右臂期间主导谷歌地图、iGoogle 等里程碑产品发布，掌握“更聪明而非更努力”的交付策略。
- **战略家视角。**作为施密特首席顾问参与百亿级收购案，从董事会密室到王室会谈，淬炼出影响决策的关键能力。

就像经营公司，有初创期、成长期、瓶颈期、突破期，职场生涯也是如此。希亚特这种从执行层到决策层的完整跃迁路径，使本书既能指导新人破局，又能启发高管突破认知天花板。

三大职场困境的破局之道

光有理念还不够，当“我的公司”具体遇到困局时，如何破局？

首先，像经营公司一样有自己的工作使命愿景。当陷入“精神内耗”时，用使命感重构工作价值。我特别认同作者说的：“真正决定差异的不是工作内容，而是你如何看待它。”书中记录了医院清洁工的案例：当意识到做好清洁卫生，能降低病人感染率时，拖地不再是杂务，而是医疗救治的一环。

其次，像经营公司一样打造自己的差异化，拒绝单一职业身份，主动设计不可替代的角色。作者职业生涯的每次跃迁，都是打破职级框架的成果：

- **创造“影子顾问”角色。**在亚马逊将助理工作升级为贝佐斯的“决策智囊”，学习 CEO 思维模式。
- **跨领域嫁接技能。**博士辍学加入谷歌，将学术研究力转化为产品战略洞察力。

最后，像经营公司一样不断寻找新的第二增长曲线。

- **野心驱动。**坚信“野心与天赋的差距正是成长空间”，主动承担超能力范围的任务（如零经验组建谷歌飞行部）。
- **远见卓识。**将 AI 焦虑转化为适应力优势。

领导者不愿公开的决策逻辑

本书最珍贵的，是揭开传奇 CEO 的思维黑箱：

- **贝佐斯的“长期主义”。**从未来客户需求反推当下行动（例如，亚马逊 Prime 服务诞生于“10 年后用户需要什么”的发问）。
- **施密特老辣的识人眼光和语言艺术。**如何用一句话说服硅谷女王雪莉·桑德伯格加入谷歌。
- **梅耶尔的“极限挑战”育人思路。**用“登月级别的项目”倒逼年轻人突破极限（如让应届生掌管谷歌邮箱开发）。

希亚特用亲身经历证明：在算法重构世界的时代，人的决断力、逆商和愿景力仍是终极壁垒。无论你是在琐碎任务中迷失的新人，寻求突破的中层，还是面临转型的创业者，这本书都将成为你职业生涯的“战略导航仪”。它教会你的不是如何被时代选择，而是如何主动投资那个最值得押注的对象：你自己。

当你合上书页，不妨自问：如果此刻你是自己职业生涯的 CEO，会如何部署未来三年的“战略资源”？答案，或许就在你即将写下的“自我投资笔记”中。

用硅谷的成功秘诀抓住你的机遇

埃里克·施密特（Eric Schmidt）
Schmidt Futures 联合创始人，谷歌前 CEO 兼执行董事长

你或许还记得新冠疫情期间的感觉：许多事情都失去了控制，许多日常活动都受到了影响，去办公室工作、与亲友团聚、参加活动、旅行等成为奢望。人们最大的愿望是保持健康。得益于科技的进步和疫苗的发明，人们才逐渐重新掌控自己的生活。同时，这也是一次人们能重塑自我的机会。

该如何抓住这类重塑自我的机会呢？我们可能都想过类似的问题。在这样的时刻，我们往往需要一些建议。我的前首席顾问及好友安・希亚特认为，**转变是每个人生活和事业的一部分，不管这个转变是有意的还是无意的。转变才是常态。**在后疫情时代，世界的转变将是历史性的，但这绝不是我们生命中的最后一次转变。

将转变转化为机遇需要一种策略，以重新设想一切可能性。这一策略可以包括反思基础事项，重新思考优先事项，扪心自问看重什么以及看重这些事情的原因。这不是一件容易的事情。然而，《投资你自己》这本书及时出现了。这本书讲述了充满变化、挑战和目标的人生故事，并向我们展示找到人生意义的切实方法。书中一开始就给大家提出了一些建议，特别是当我们经历了如此多无法控制的事情之后。

2006 年，当一位招聘人员坚持不懈地给希亚特打电话时，希亚特正专注于与斯堪的纳维亚地区相关的博士学习研究，因为她想在未来成为一名大学教授，而不是谷歌的首席顾问、发言人或领导力策略师。招聘人员接连打了 3 次电话才说服她前去参观谷歌园区，更别说让她放弃读博了。招聘人员的坚持是值得的，希亚特在自己身上投资了一把。她就是我们团队需要的那个人。在我的职业生涯和谷歌发展历史中最重要的几年里，她帮助我们完成了使命。她的那次投资改变了一切。

在与我共事之前，希亚特卓越而不自负的名声早已响彻业界。她总是准备充分。她以往的表现证明她总是可以让周围人发挥自身的潜力。她的这种能力也许是在家庭生活中培养出来的。她母亲出生在爱达荷州的农民家庭，父亲是一名驾驶战斗机的空军飞行员，她是家里 7 个孩子中最大的那个。现在的她可以同时负责几个地区的工作，一边管理伦敦和纽约的项目，一边带领位于加利福尼亚州总部的团队。最重要的是，她善于激励团队成员追求卓越。

她如何做到同时兼顾多项工作一直是个谜。在阅读这本书时，你会发现她的处事方法和奉献精神展现得淋漓尽致。本书介绍了她职业生涯中的真实案例和商业经验。每章末的“自我进阶指南”部分可以帮助读者将这些经验应用到自己的生活中。通过审视自我、把握机会、拥抱挑战，你可以使自己的职业和个人生活取得满意的结果。在硅谷学到的经验教训可适用于很多领域。

对于那些想要利用这次重塑的机会实现新的人生目标的人来说，书中的经验更加适用。在我们共事 3 年后，希亚特的目标非常明确，她希望在职业生涯中迈出一大步，她已经准备好担任首席顾问一职。她习惯于提前半年或一年制定明确的工作目标，但这次不同。当时公司根本就没有“首席顾问”这个职位，她创造了这个角色。她制订出计划，描述了这个职位的工作责任，以及她将如何提高技能，把我们的业务提升到一个新的水平。在读《投资你自己》这本书之前，我并没有完全理解希亚特为了寻找为公司做贡献的新途径所做的大量信息搜集的工作。无论你从事什么行业，她在书中概括的通用法则都可以帮助你积极地规划自己的职业生涯和成长轨迹。如今，“首席顾问”这个职位已成为科技行业的标配。

这本书中的一些故事，讲述了我们这一路走来所犯的错误，有些错误造成的后果很严重，有些则成为我们日后开玩笑的谈资。关于后者，我想起这样一件轶事。希亚特在书中讲述如何锤炼韧性时，提到了她决定要每天早上坚持锻炼。出于礼貌，她没有把我的故事写进书中。但事实上，当我下决心要在任职期间减肥时，我随她一起参加了一个清晨的高强度间歇训练。我们训练的地方在公司的停车场，同事把车都停在那里。那天，他们看到谷歌强调的“早失败，常失败”的格言在我身上体现得淋漓尽致，因为那天的我正在朝霞中狼狈地努力跟上训练节奏。第二天，我就没再去上课了，但希亚特说得对，**挑战自我能够让自己更有韧性。所以，我们都需要新的挑战。**

2011 年，在担任公司 CEO 十年之后，我成为谷歌的执行董事长，韧性于我而言是必要的。我想借此机会重新安排领导层的构成。我给每个直接下属分配了新的职位，只有希亚特除外。在这个新阶段，希亚特是唯一一个直接向我汇报工作的人。虽然领导层重组后，希亚特只有一个小团队，但后来我对她工作的评价是“令人惊奇地好”。在这本书中，她详细地讲述了她是如何做到这一点的，要知道她的工作涉及从公司结构到人员配置，再到共同协作和信息共享的团队精神等方方面面。

牢记我们是一个团队并相互支持是非常重要的。2017 年，我受邀发表演讲，而在我后面演讲的是当时刚上任的法国总统马克龙。希亚特注意到我异常紧张，我当时确实很紧张。因为这不仅是一个备受瞩目的活动，而且世界正经历重大的变化，这些变化让我们的未来充满不确定性。在这种情况下，我想在演讲中针对人们担忧的话题，传达一些新的希望，尤其是与技术的快速发展有关的内容。当我想到希亚特的坚定陪伴，想到我们是一个团队时，我就充满信心，在人们最需要的时候用演讲为他们传递了希望。

比尔·坎贝尔（Bill Campbell）是硅谷一些最具影响力的高管的导师。他曾告诉我：“你的头衔只能让你成为一名经理，但你的团队能让你成为一位领导者。”面对一个充满创新机遇的未来，世界需要优秀的领导者。希亚特是一位致力于在自己的职业生涯中帮助自己和周围的人实现卓越人生的优秀领导者，这本书也将帮助你成为一名优秀的领导者。

将传奇 CEO 的最佳实践
应用到你的工作中

2003 年，我差点儿要了杰夫·贝佐斯（Jeff Bezos）的命。值得庆幸的是，那不是故事的结局，也不是我职业生涯的结束。

在本书中，我将与你们分享一些你们在其他地方从未听过的故事。在我的职业生涯中，我走过了一条罕见的道路，度过了一个独特的时期，结交了一群无可替代的人物。几十年来，我与 3 位极具影响力的 CEO 共事，他们是亚马逊和谷歌的奠基人。虽然你选择这本书也许是因为这些极具影响力的公司和人物背后的故事，或者想了解独特的硅谷文化，但我希望让你坚持阅读这本书的原因是书中蕴含的教训和那些唤醒你生活、事业的灵感。

在这本书中，我将解释为什么贝佐斯、玛丽莎·梅耶尔（Marissa Mayer），以及埃里克·施密特这 3 位 CEO 都选择我作为他们的得力助手，让我在这个高风险和经济快速增长的时期来执行他们的意志、实现他们的愿景。我将分享一些我总结的工作方法和协作方式，正是这些方法和方式让我帮助这些极具影响力的 CEO 将工作做到最好。我还将说明我是如何在合作伙伴中发挥催化剂的作用，帮助他们取得巨大成功的。而现在，我想为你做同样的事！

找到自己的“力量倍增器”

这本书关注的核心是个体工作者。我希望当你读完这本书后，能更好地掌控自己的命运，更好地重新投资自己、重塑自己。**当你知道自己寻找的是什么时，机会就会出现在你的身边！**

如果你目前正坐在领导的位置上，这本书不仅阐述了我从每一位领导者身上所学到的独特领导模式和实践方法，还介绍了那些值得你招纳、激励和培养的员工类型。本书将启发你找到自己的“力量倍增器”，帮助你将工作做到最好。我在谷歌工作了 12 年，在我看来，这相当于科技行业的 100 年！我之所以能坚持那么久，是因为我能够在谷歌的工作环境中不断重塑自己，而不必去其他公司寻找晋升或学习的机会。这本书将向你展示，针对特定类型的员工应该创造何种类型的工作环境，以促使他们不断提升能力，产出卓越成果。

我在我的故事中展现了我做过的尝试与犯过的错误。这本书记录了我的职业生涯发展历程，我不仅见证了互联网诞生之初人们开创历史的过程，而且还勇敢地在其中创造了自己的角色。我必须承认，运气和优越的条件是我职业生涯发展顺利的重要基础。我很幸运出生在一个有能力让我接受良好教育的家庭。我在一个很好的社区长大，在那里，创新随处可见，就发生在家门口。有研究称，甚至连我所遗传到的斯堪的纳维亚人的外表，也使我的辛勤工作更容易得到回报。但这并不是我通过努力得来的，我希望的是，无论你来自哪里，我所做的努力、尝试和转变都能启发你开启自己的职业生涯之旅。

在后文中，我会详细地讲述 2003 年我差点儿“害死”贝佐斯那天的情况，但现在我想告诉你，在那场如烈火般的考验中，我学会了在面对挑战时要么退缩，接受失败，要么锤炼韧性，发挥领导作用。我经历过的冒险、挑战、心痛、尴尬和胜利，都是我从未想象过的。

想要打开梦想的大门，学习成功的方法，你不必非要住在硅谷，不需要直接为身家亿万的 CEO 工作，也不需要上常春藤盟校。这本书适合所有心怀伟大梦想的人，以及坚信自己会取得更大成就的人。

你是否渴望自己的人生变得不同凡响，获得更大的成就？也许你现在刚刚开始第一份工作，正想着如何把这份工作变成你迈向梦想职业的铺路石。也许你正处于职业生涯的发展中期，希望自己的工作最终能得到认可，从而获得职位晋升或被提拔为领导。也许你为之努力付出的主要目标是获得更大的权力、得到更多的尊重、体现更大的价值。你是否怀有一个周围人无法完全理解的大胆梦想？我就是来帮你实现梦想的！

在本书中，我将告诉你，如何在看似有限的选择中识别和探索晋升的机会，如何拥有无畏变革者的心态。本书会让你拥有伟大的梦想，并毫不后悔地为之努力。我将把自己的职业生涯作为研究案例。我之所以这样做，并不是因为我在各个方面都做得很完美，而是因为当我们看到那些看似非常成功的人的故事时，我们会觉得他们的成功与我们毫不相干，他们获得的成就是那么遥不可及，我们无法复制他们的成功之路。

通过分享自己的故事，我想阐释我是如何将一些最成功的商界人士的最佳工作方法转变成适用于我们这些普通人的方法的。事实上，指导他们工作的领导原则也完全适用于你的奋斗目标和职业生涯。

这本书提供了一个独特的视角，这些视角就连我的领导们都无法给你。我整合了他们的最佳工作方法，总结出共同点，并将其汇总成一本书。没有人像我一样，见证了这 3 位非常成功的科技先驱如何应对这些不可复制的挑战和艰难时刻。

规划自己的梦想职业

这本书不是为了搞英雄崇拜，也不是为了分享幕后八卦。我工作过的公司和共事过的领导并不完美，我也不想假装他们是完美的。我会从每一段工作经历中总结出一些通用法则，为你创造卓越的成果提供借鉴。

我之所以写这本书，是因为我坚信互联网应该被普及，应该让尽可能多的声音被听到。成功应该大众化，硅谷成功的秘密不应该只属于精英阶层。这些最佳工作方法可以帮助处于任何成长阶段的任何人，让他们发挥潜力，取得伟大的成就。

这个世界比以往任何时候都更需要你。我们需要你建设一个只有你能够创造的未来。我们需要更多的声音、更多的视角、更多的见解、更多的阅历，为我们共同的世界开创一个充满希望、欢乐、和平的未来。你越早在这个过程中找到自己的位置，整个社会就越早从中受益。

只需坚持一些日常习惯，你就能创造出自己的梦想生活，创造出一份令你自豪的成就。虽然可能在你生活的社区或所处的职业阶段，你能获得的机会非常有限，但你可以自己开辟一条道路，创造自己喜欢的生活。在本书中，你会找到一些工具，帮助你掌握自己的生活和命运。通过阅读本书，你将：

- 学会集中思维，意识到学习比完美的表现更重要，在工作中找到更多的意义和满足感。
- 想方设法发挥自己的影响力，哪怕你目前几乎没有任何真正的权力。
- 建立同行导师网络，他们会在你计划冒险时给予支持和激励。
- 发掘自己的领导优势，寻找成长路径，承担契合自己价值观的项目，使生活充满激情和成就感。
- 学会以自己的专业知识、自信心和丰富经验为源泉，建立坚实的基础，从中获取力量，找到明确的方向。
- 寻找到一种能够避免自己在岗位晋升、人才培养、提拔机会和热爱的项目上被忽视的方法。
- 学会向上管理，让你的领导和同事清楚地看到你的努力和潜力（哪怕你仍处在初级职位）。

这本书将逐步引导你理解、掌握并运用这些工具，为你的自我进阶提供一个方向，帮助你因自己的理想而得到认可，成为一位领导者，并吸引到合适的赞助者和导师。

每一章的末尾都有一个“自我进阶指南”。这些是给你的挑战，它们将帮助你把每一章学习的商业课程应用到自己的现实生活中。“自我进阶指南”是科技公司的一种普遍做法，指的是一系列重复的，有时间限制的，专注于开发、交付和维护复杂目标的工作。马拉松式的工作目标会令人感到害怕，让人不知道该如何开始，而“自我进阶指南”则帮助我们一步一步地朝着更大的目标不断前进。这就是逆向构筑自己的伟大梦想，并在工作中寻求更多满足感的方法。

我将向你展示如何规划自己的梦想职业，如何成为一个自尊的、有能力的、快乐的人。你将成为自己生命中的英雄，并时时刻刻激励周围的人。

你准备好了吗？是时候在自己身上投资了！我们一起出发吧！

BET ON yourself

目录

BET

ON

yourself

第 1 章

让野心大于天赋

当野心大于天赋时，

它们之间的差距将激发人们全力以赴追求目标。

我家祖祖辈辈都是农民，而我是第一个彻底打破这个传统的人。我的职业让全家人感到骄傲，因为我曾就职于世界上最具影响力的几家科技公司，并且我与世界上富有且有权势的领导者并肩工作。我一直都希望自己的生活和事业充满意义，而这个梦想竟以意想不到的方式得以实现。

幸福的秘诀就是学会在困难中寻找快乐。我很幸运，从我小时候起，我的家人就为我树立了这样的榜样。我的家族史中有许多这样的故事，我的祖辈所获得的资源非常有限，但他们通过努力工作和明智分配资源，为家人创造了快乐而有意义的生活。我家里没有大富大贵之人，但我家人总能创造出“$1+1>2$”的结果。

家人很早就教导我，努力和梦想的结合会产生巨大的力量。

每当回顾自己的成长历程，我总能发现帮助我生存、令我在意想不到的事业中蓬勃发展的秘诀。在工作和生活中，帮助我取得重要成果的基本原则有三个：

职业生涯中的关键投资

BET ON *Yourself*

- 明白努力工作和伟大梦想的巨大力量。
- 为成长创造环境。
- 拥抱渐进式成长。

没有谁的生命太过渺小，没有谁的梦想太过远大，它们都值得我们全心全意地投入。即使你还处于职业生涯的开始阶段，即使你现在的工作与梦想中的工作毫不相干，此时也仍然是规划职业蓝图的完美时刻。**只有关注当下，你才能意识到机会的到来，并抓住前进的时机。否则，你将因为自己没有注意到或没有准备好而错失良机。关注当下才是创造机遇的方法。**

关于我是如何成功地与亚马逊、谷歌的总裁产生交集的，我想大家在了解了我本人以及我成长和生活的背景后，便可知其中缘由。

享受新挑战带来的不适感

我的家人都是怀揣梦想之人。

毋庸置疑，我过去的生活塑造了我的未来，但直到现在，我才意识到童年生活对我的深远影响。我家里有 7 个孩子，我是长女，我父母在爱达荷州的农场种植土豆，饲养绵羊。我的曾祖父和曾祖母分别从斯堪的纳维亚半岛和瑞士移民过来，梦想着在美国寻找更好的机会，并坚信自己有能力在这个新世界创造拥有无限可能的生活。

同样，我父亲格莱德也是一个心怀梦想的人。他目睹了艰辛的农活给他父亲的身体造成的伤害，他不愿看到自己的生活中只有无穷的压力和潜在的心脏病风险，于是他决定换一种活法。他和他的 3 个兄弟都非常聪明。我父亲在读大学时攻读会计专业，他认为自己在将来足以供养家庭，但他志不在此。他想成为一名飞行员，但又不满足于驾驶民航客机，而是想驾驶战斗机。

父亲明白，他能在飞行员训练中不被淘汰，并被选为未来战斗机飞行员优秀毕业生的可能性非常小，但他坚信自己能够成功。父亲在成为战斗机飞行员的道路上，展示了他性格中的大胆、坚定和勇敢。他不得不放弃他所熟悉的一切，孤注一掷，而这一切都得到了回报。

我出生在佛罗里达州坦帕市的麦克迪尔空军基地，当时父亲刚刚完成飞行员训练，并被任命为 F-4 幻影战斗机的飞行员。出生在军人家庭的我，从小耳濡目染，身上自然也带有军人的品质。我和弟弟妹妹们在成长过程中都感到我们别无选择，只能适应环境，在面对不可预测的行程、任务和事件时，我们必须自立且勇敢。

有目的地选择如何过好每一天

在我一岁那年，我们全家从佛罗里达州搬到了阿拉斯加州的安克雷奇市。那时，冷战的缓和期即将结束，父亲所在的飞行中队的任务就是在阿拉斯加州上空巡逻。在我的记忆中，有一次，我和妹妹拉道恩站在后院，仰望天空，看着从头顶飞过的战斗机，猜测着哪一架飞机是父亲驾驶的。

我们住在阿拉斯加州期间，曾有一家电影制片厂打算制作一部关于战斗机飞行员的影片。这家电影制片厂的工作人员向美国空军提出了申请，询问是否可以听取驾驶舱的对话录音，以便更好地重现战斗机飞行员之间的真实对话方式。美国空军批准了这一请求，并向他们提供了父亲所在飞行中队“大黄蜂”的对话文本。

几年后，电影上映之际，美国空军官方突然改变了想法：他们担心影片中塑造的飞行员形象会对美国空军造成负面影响，于是撤回了之前授予电影制片方的许可，禁止对方把影片中的角色称为“美国空军飞行员”。后来，电影制片方发现美国海军没有这样的顾虑，因此将剧本中的“美国空军”改成“美国海军”，但保留了驾驶舱录音中的原始术语和飞行员的呼号。

那部电影正是《壮志凌云》（*Top Gun*）。父亲的军用呼号是“呆头鹅”。小时候，我特别崇拜电影中的“独行侠”“冰人”以及其他飞行员。因为那部电影，饰演这些角色的演员后来都成了小有名气的人物。我直到大学才看了这部电影，因为父亲不喜欢他的呼号被用于海军战斗机飞行员而不是空军战斗机飞行员，也不喜欢他的角色最终牺牲的结局。但是，他非常喜欢自己的角色被塑造为一个顾家的好男人，因为他在现实中也确实是这样的人。

作为“呆头鹅”的女儿，我经历了一些事情。我学会大胆地追求梦想，即使我周围所有人（有时包括我自己）都认为这些梦想疯狂至极。我学会了为自己树立目标，并且每天为某个可能无法实现但值得冒险尝试的目标而努力奋斗，最重要的是我学会了勇敢。当我们住在空军基地的军官宿舍时，在一次飞行训练中，父亲永远地失去了和他在同一个中队的亲密战友。母亲告诉我们，每当她看到身穿军装的军人来到我们社区时，她就感到非常害怕。她还告诉我们，几乎所有军人的妻子都会越来越害怕开门，她们希望厄运不要降临在自己的家庭，希望身穿军装的军人不会停留在她们的房前。

这段经历将一种力量深深根植于我的内心，让我可以充分理解每一天的价值，并有目的地选择如何过好每一天。我就这样规划生命中的时光，不浪费哪怕一天。也是这段难忘的经历让我觉得每一个清晨的亲吻和拥抱都值得细细品味和珍视。

勇敢地走出舒适区

当父亲实现他的童年梦想，驾驶着价值数百万美元的喷气式飞机翱翔天空时，我的母亲塔米则守在家里操持家务，远离故土爱达荷州，远离陪伴她长大的父母、兄弟姐妹和朋友。虽然远离了舒适区，但母亲从不畏惧挑战。她继承了外祖父母的优点，他们都是不知疲倦的农民、活跃的社区成员，也是才华横溢的艺术家——他们喜欢在空闲时画风景画。

母亲把她在爱达荷州的家庭农场学到的一切，包括努力、创造力和社区意识，都深深地根植到我们在阿拉斯加州的家里。她在社区创建了一个学前班，帮助我们结交朋友，建立互助体系。她上陶艺课，还根据我们周围壮观的荒野画了一些油画。她带着我们去河里钓鱼，上山摘浆果，她会在我们小小的鞋子上系上铃铛，因为铃铛发出的响动能让熊类尽早避开我们。

在童年时期，我学会了如何从他人看来处处受限的环境中主动开创出鼓舞人心、丰富多彩的局面。母亲教会了我该怎样从平凡之中创造非凡。

我的童年充满了异乎寻常的冒险和艰巨的挑战。我的天性和儿时的教养塑造了我重要的性格特征。作为一名军人的孩子，我的成长历程造就了我的性格和本能。我学会了在未知的环境中和有限的资源下随机应变，频繁地搬家让我具备了超强的适应能力，以及（在理想情况下）从容不迫的心态。

虽然生性害羞，但我渐渐变得热爱冒险，乐于探索未知，不会因胆怯而选择退缩。在上学期间，即使我知晓问题的答案，也从来不敢在课堂上举手回答。那时，我的本能告诉我，只有在形成完美的想法之后，才可以大声说出来，而随着时间的推移，我学会了克服自己的这种本能。当然，我还在不断学习、成长之中，有些天性于我是最大的优势，而有些令我至今仍与其积极抗争。

我的童年就是一个学习投资自己的例子。我父亲毅然决然地离开了他所熟悉的农场生活，坚定地接受了飞行员训练中固有的评判、失败和挑战，而我母亲所面临的挑战则来自她作为军人配偶的生活环境。最终，他们都成功地克服这些挑战实现了自己的梦想。相较而言，他们周围的人则害怕改变，甚至连做出改变的尝试都不敢。

牺牲和成长是密不可分的，为了实现未来更大的梦想，我们必须勇敢地走出舒适区。

罗伯特·M. 波西格（Robert M. Pirsig）在哲学小说《禅与摩托车维

修艺术》(*Zen and the Art of Motorcycle Maintenance*)[①] 中对这一原则做了非常好的阐释。他在书中描述了一个“猴子陷阱”。这个陷阱非常简单，即在一个挖空的椰子壳里装满诱人的大米，壳上留一个小洞，刚好能让猴子的手伸进去。当猴子把手伸进去抓满大米时，它的拳头对于洞口来说就显得太大了，因此它无法将手抽出来。实际上，困住这只猴子的正是它自己的选择，正是因为不愿意放开手中的大米，它才无法挣脱椰子壳。

人性亦是如此。我们通常不愿意放弃那些令人不满意的工作、人际关系或责任，仅仅是因为我们对当前的环境非常熟悉，相较于用安全和稳定换取更大的回报，维持现状似乎风险更小一些。在很多情况下，我们会发现自己手中正抓着一把“大米”，却没有意识到我们正在用宝贵的自由换取一些自己根本无法享受的东西。

多年以后，我父亲艰难地下定决心离开军队，以便有更多的时间陪伴家人。此时，他已经有了 3 个女儿，第 4 个孩子也即将出生。当然，父亲需要谋生，所以他一边在法学院学习，一边兼职做保安来赚钱养家。曾经的战斗机精英飞行员，却变成一名保安，这样的身份落差相当大，但他愿意为了家庭的未来做出这样的牺牲。

放下看似伟大的成功梦想，敞开心扉选择迎接新的生活，这正体现了父亲的谦卑和智慧。如果你一直执着于过去的荣誉，快乐和机会就会慢慢减少。当你停滞不前时，你前进的动力就会枯竭。

① 《禅与摩托车维修艺术》是美国作家波西格创作的长篇小说。该小说源于作者与儿子及其朋友骑摩托车横穿明尼苏达州到达加利福尼亚州的真实经历。——译者注

培养成长心态，克服对不完美的恐惧

我的野心总是超过我的天赋，直到最近我才意识到这竟是我一直以来最大的优势。这种天赋与野心之间的差异促使我争取自己想要得到的一切，于是我习惯了追求那些不易实现的目标。我常常想，如果我生来就拥有非凡的才能，或许就会依靠这些天赋坐享其成，而不是迫使自己超越极限。

良好结果带来的舒适感会削弱我们追求卓越的动力。

我们的又一次搬家经历改变了我的人生轨迹，这次搬家跨越了半个美国。父亲在做了一段时间的司法文员之后，接受了西雅图一家律师事务所的工作邀请。由于父母不想住在“大城市”，所以他们在华盛顿州雷德蒙德市的教育山社区买了一栋房子，离我们的小学、初中和高中都很近，我们走路就能上学。这栋房子附带一个大院子，还有一座花园，这些在我父母眼里非常重要。

父母的这个决定无意中让我成长在新数字时代的中心，20 世纪八九十年代，我家周围全是当地科技领域的先驱企业家和登月思想家[①]。我的父母未曾想到，未来世界上最成功的公司的总部离我们家只有很短的车程。

长女的角色一直伴随着我的生活，甚至影响着我的职业生涯。**时刻**

① 登月思想家指拥有登月思维的人。拥有登月思维的人认为，面对看似无法成功的事，只要朝着成功的方向努力，就会有意外收获。——译者注

具备良好的组织管理能力，积极主动，并能维持好秩序，这是让自己的声音在拥挤、快节奏的环境中被听到的唯一方式。

我父母向我灌输了他们在农场养成的勤劳踏实的工作精神，也给了我追求完美和远大梦想的动力。我从父亲身上继承了左脑的分析能力和勇于树立远大目标的魄力。我从母亲那里继承了周到处事的高情商、创造性解决问题的能力，以及对身处困境之人的同情心。

对自己充满信心

我生来就是一个认真严肃的人，从小就严于律己。我对自己的要求往往超过父母对我的要求。我总想取得最好的成绩，永远担任学校排演的戏剧中的主角，成为优秀的芭蕾舞演员，并最终进入一所顶尖大学学习，而这一切自然会让我获得一份具有全球影响力的工作。

起初，我的梦想和天赋之间的差距让我不知所措。我总是认为自己必须加倍努力才能跟上同龄人的步伐，这让我感到害羞，容易对自己产生怀疑，总是畏畏缩缩。也许每个人在青少年时期都会有这种感觉，但它对我的影响似乎格外严重。一种内在的动力促使我加倍努力来弥补自己在天赋上的不足。但一开始，我缺乏改变现状的信心。那时候，母亲常常把闹钟定在凌晨 1 点，她这样做不是为了防止我和朋友溜出去玩，而是为了确保我已经放下作业，真的上床睡觉了。

我得到了很多教训，因为我有时太过执着，做任何事情都带有强烈的目的性。我总是渴望得到更多，我觉得对于生来就没有优势且缺乏资源的人来说更是如此。就像我的父亲一样，他会在黎明之前就开始挤牛奶，会在亲眼看到战斗机之前就梦想着驾驶战斗机。

如果不是那位特别的老师的出现，我可能会一直为自己的资质平平、一事无成而焦虑下去。罗恩·马汉（Ron Mahan）是我初中合唱团的指挥老师，他对我之后的生活产生了巨大的影响。他看到了我内心的恐惧，并鼓励我去克服它。他帮助我养成了成长型思维模式，让我相信能力不是固定不变的，只要努力，假以时日，我的能力就一定能得到提高。

八年级[①]结束时，我患上了严重的社交恐惧症，当时的我感到特别痛苦。当我请他在我的毕业纪念册上签名时，他却拿出一张事先写好的卡片，并把它夹在了毕业纪念册之中。卡片上的话鼓励着我，让我充满信心地面对每一个挑战，而不是妄自菲薄，先入为主地断定自己一定会失败。

直到那一刻，我才意识到自己之前一直在自我破坏，为自己造就令人失望的命运。马汉老师告诉我，我应该昂首挺胸，因为我已经很优秀了。最重要的是，在初三那年，他给了我很多机会，让我向自己证明，其实不必做到完美，也可以令自己感到骄傲，也可以闪耀发光。他让我负责合唱团的独唱部分，我觉得自己不够好，但又想让他以我为傲，所以我努力提升自我。正是因为他相信我，才让我也相信自己很特别。

这一切让我年轻的心灵发生了巨大的转变，让我内心更加笃定自己可以创造机遇。

---

① 美国初中学制三年，为六年级至八年级。——编者注

将新挑战视为奖励

在我年轻的时候，我明白了投资自己是一个循序渐进而非一蹴而就的过程。我学会了如何预测风险，以及如何勇敢地跑上跳台，一纵而下。即使前几次入水时都是肚皮狠狠地砸在水面上，我也毫不畏惧。直到那时，我才意识到，我可以重新爬上梯子，走上跳台，再试一次。因为此时我可以利用新的知识武装自己。**在实现目标的过程中，一次失败并不意味着永远的失败，除非我自己选择放弃。**

避免尴尬、痛苦或不安是人类的天性，而通常等待这些时刻到来的过程要比经历这些时刻本身更让人煎熬。人生最大的快乐，就在于我们可以认识到，走出舒适区所遇到的机会能给我们带来最大程度的成长。当你意识到冒险和学习之间的密切关系时，你就能实现个人的快速成长。如果你能把学习看作实现个人发展和幸福人生的核心因素，那么你就不会再害怕尝试新的事物。

学会欣然面对新挑战所带来的不安，关键在于要学会将新事物看作刺激和奖励，而不是恐惧和失败。就像锻炼肌肉一样，我们需要大量的时间和反复的训练才能增加肌肉的耐力和力量。虽然我很早就明白了这一点，但我不得不反复学习。

让自己的能力匹配公司更大的使命

我第一份“真正的”工作是通过小小的谎言获得的。1995 年，我高中的好朋友梅丽莎在一家初创公司工作，当时几乎没有人知道什么是初创公司，她向那家公司推荐了我，因为他们一家要从华盛顿州搬去北卡罗来纳州。当时，我 16 岁，刚拿到驾照。那个秋天，我必须做出选择：放学后是排练学校的话剧《糊涂戏班》(*Noises Off*)①，还是去做兼职。

作为长姐，我需要赚钱上大学，所以我选择了兼职。我早早就下定决心，坚决不做与食品或收银相关的工作。因此，作为一个青少年，我能选择的岗位非常有限。当梅丽莎问我是否愿意接任她在音乐制品公司的办公室经理一职时，我激动万分，而且这家公司距离我家只有 10 分钟车程。

音乐制品公司由刚刚从哈佛大学商学院毕业的两兄弟创立。他们开发了一款可用于音乐转录的软件，音乐人只需在电子琴上演奏他们的作品，软件就会自动将音乐转录成乐谱。该软件还提供钢琴课程，它可以自动检测音乐人的演奏情况，并给出练习建议，以帮助他们提高演奏技能。这在 1995 年是相当厉害的。

我和梅丽莎从六年级开始就一起在学校的唱诗班唱歌，我们都对音乐充满热情。她是一位优秀的钢琴演奏者，而我只会用一根手指弹奏。她在音乐制品公司担任办公室经理的同时，也做软件的贝塔测试②工作。当她推荐我做这份工作时，她并没有告诉公司我们在钢琴技艺上存在巨大的差距。

① 《糊涂戏班》是英国作家迈克尔·弗莱恩（Michael Frayn）创作的三幕闹剧，讲述了一个从台前到幕后都糊涂不堪的剧团排演剧本《无中生有》的故事。——译者注

② 贝塔测试是一种客户验证方法，通过让终端用户在一段时间内验证该产品，来评估客户对产品的满意度。——译者注

相信自己的能力

我很快就意识到自己缺乏做好这份工作所需的大部分技能。这家音乐制品公司是一家只有 5 个人的小公司，这意味着没有多余的人能来培训或指导我。在此之前，除了看孩子，我没有做过任何其他工作，也不知道公司需要我做什么。但我会努力工作，我相信自己能把一切弄明白，所以我埋下头，开始工作。

我集中精神学习如何管理一个办公室，并在需要的时候身兼数职，但最让我感兴趣的是观察这对兄弟创始人如何管理公司，如何边学边做。他们订阅的商业杂志，我之前从没听说过，比如《哈佛商业评论》《财富》，以及 1995 年才创办的《快公司》(*Fast Company*)。后来，我开始利用休息时间一页一页地认真阅读这些杂志。与同龄人相比，接触这类与商业相关的知识，的确让我显得有点儿特立独行。为这些初创公司的创始人工作让我体会到商业世界的无限可能。

我常常聚精会神地聆听两位创始人谈论如何最大限度地利用他们的投资，我被他们的对话深深地吸引。我努力表现得好像自己在测试这款软件，而实际上却是在用它提高钢琴技艺，以帮助我掌握这款软件更高级的功能。在过去的两年中，通过课后的这份兼职工作，我已经成为一名钢琴方面的专家，并且能熟练地弹奏钢琴。无论如何，我确实提高了自己的技能，甚至在这个过程中记录了这款软件存在的几个漏洞。

在我建立起足够的信心之后，公司派我周末去开市客（Costco）超市做销售演示。那实在太可怕了！当时我非常害羞，一想到要接近陌生人，并努力说服他们购买我们的产品，我就胆战心惊。我记得一个急切的潜在客户向我走来时的场景，这对每个销售人员来说都是梦寐以求的，我却感到无比恐惧。然后，这名客户让我展示在这款软件的指导下我弹得如何。由于我的演奏不太有说服力，最终我们没能达成交易，但我从中明白了他人的拒绝并不是件坏事。

在这家初创公司的几年里，我犯过的错误多得连我自己都记不清了，我不得不习惯于接受他人持续不断的建设性批评。我会本能地回避那些我不了解并且让我有失败风险的项目。

然而，我无法逃避。我不能只把注意力放在自己擅长的事情上，回避那些不擅长的事情，从而掩盖自己的弱点。这种回避的冲动正是我最需要抵抗的。

我不得不接受不完美所带来的不适感，直到那一刻我才意识到是否完美其实并不重要。那是因为，我的领导所看到的是一个竭尽全力、快速成长的人。我有意识地克制自己对不完美的恐惧，放弃追求完美的目标，让自己得到解放。了解到这一点的那一刻是我人生的一个重要转折点。

培养团队意识

在音乐制品公司工作期间，我学会了随机应变，理解了自己所承担的任务的重要性。每当回想起自己最开始在公司处理的一项工作任务时，我仍心有余悸。那时，领导让我将有关公司信息的宣传材料打包邮寄给潜在的客户。我要做的就是将10份文件复印好，并将它们打包后寄出。有一天，打印机出了故障，我当时没有注意到，于是复印了数百份模糊不清、质量粗糙的材料。后来，领导找到我，让我把复印好的所有材料都扔掉，重新复印后再邮寄给客户。

我当时只想着尽快完成这项不需要动脑的工作，这样我就可以把时间花在我更喜欢的事情上，比如偷听商业战略会议。然而，我却没有想过这项工作的目的是什么，我也没有想过如果潜在客户收到我寄出的模糊不清的宣传材料，会对我们公司留下怎样的印象。我没有在工作中体现出公司的价值观，同时还浪费了公司的资源，认识到这一点对我的职业发展非常关键。我至今仍为那件事感到尴尬，从那以后，我再也没有犯过类似的错误。

经过那件事情之后，每当我接到任务时，尤其是那些看似简单的任务，我总会冷静下来，更加全面地去思考这项任务的目的、最终结果是什么或终端用户是谁，同时我还会想着如何把它当作一个使命，而不仅仅是一项任务去完成。这激发了我的内在动力和专注力，让我即使在面对最小的任务时也会付出最大的努力。

我经常想起马丁·路德·金说过的一段话："如果你命中注定要做一名街道清洁工，那就像米开朗琪罗画画一样清扫街道，像贝多芬作曲一样清扫街道，像蕾昂泰茵·普莱斯（Leontyne Price）在大都会歌剧院演唱一样清扫街道，像莎士比亚写诗一样清扫街道。你要把街道打扫得非常干净，以至于世间所有生灵都会停下来说：'这位清洁工真了不起，他把街道打扫得真干净啊！'"只有这样，你才能从有限的资源中为自己创造机会并得到他人的关注。倘若我年轻时没有得到这样的教训，当未来有改变我人生的机会降临时，我将会毫无准备，手足无措。

如果你认为我们的生活、职责或目标微不足道，不值得投入时间和精力，那么你就大错特错了。**随着时间的推移，我们的努力慢慢汇聚成巨大的能量，这股能量能够帮助我们去做一些远超我们最初梦想的事情。**当然，没有人第一次就去挑战 10 米高的跳台，但是，千万不要觉得你注定一辈子就只能在儿童泳池里玩耍。

我在音乐制品公司学到了很多，理解了如何将自己的工作融入公司的总目标，如何帮助同事发挥他们的最佳状态，以及如何实现我和同事之间共同的财务目标，这对我的成长是非常重要的。这段工作经历让我第一次意识到在团队协作中确保大家的精力和努力保持同步有多么重要，同时我还意识到，管理者没有义务详细地给我解释要怎样解决工作中的问题，因为解决工作中遇到的问题是我的职责所在，理应由我独立、出色地完成。而在公司业务范围内那些看似琐碎的工作中，理解成功的真正含义则是我自己的责任。

如果我当初能认识到为音乐制品公司邮寄宣传资料真的能提高产品销量、为公司盈利，那么我就会更加认真地对待这项任务，保证工作的质量，确保这些宣传资料能很好地体现公司的价值观。在这种认知框架下，原本看似微不足道的工作，现在看来可能是当天公司里最重要的事。

我很幸运，因为在职业生涯的早期，我就学会了：**通过提出恰当的问题来提高自己的能力，理解每项任务背后更高的目标。这是获得正确的结果并提供创新解决方案的关键所在，特别是在缺乏经验的时候，或是需要承担一些自己业务能力之外的工作时。**一个人在团队和公司里无论担任什么样的角色或具有怎样的资历，他能成为其中不可或缺的一员的秘诀就在于：能在更大的团队目标中准确地找到自己的工作职责。认识到这一点，任何人都能比周围其他人更加聪明地工作，而不仅仅是更加努力地工作。

当你想逼自己走出舒适区，实现伟大的目标，并获得丰富的经验时，你必须采取积极主动的方法。这需要你发挥创造力，并在不断的实验和失败中养成不屈不挠的韧性，不要害怕从小事做起，要循序渐进，逐步取得进步。这是你实现梦想的第一步。

自我进阶指南
BET ON *Yourself*

审视自我

你是否因为害怕失败或尴尬而没有充分展现自己的能力？你是否有一个从未说出口或者不敢去追寻的梦想？你的团队中是否有人需要你的指导和帮助？

把握机会

你认为自己现在的机会是如何获得的，是通过努力工作、提出战略性问题，还是创造性地利用你的天赋和可用资源？

拥抱挑战

重新定义你当前的角色、职责、项目和任务，对公司的盈利产生积极影响，并将你的工作集中在关键领域。

BET
ON
yourself

第 2 章

与最能激励你的因素同频

重视你能从工作中学到什么，

而不是这份工作需要你做什么。

人们总想知道，我是如何让贝佐斯甘愿冒险，雇用我这个刚出大学校门的新人进入亚马逊，直接为他工作的。毕竟，我既没有人脉，也没有计算机科学专业的学位，更没有为公司总裁工作的经验。人们也会好奇，我后来在加州大学伯克利分校攻读博士学位时，是如何被谷歌看中，并被聘用为梅耶尔的执行商业伙伴，然后又一路高升，成为公司CEO、后来的执行董事长施密特的人事主管的。他们还很好奇，我是如何离开谷歌，以及为什么离开谷歌，并创办自己的全球咨询公司的。其实，我的秘诀很简单：**让自己被注意到，建立起良好的声誉，在苛刻的环境中取得成功。**这些都是从我职业生涯早期那些极易被忽视或低估的角色中一点一点积累起来的。早期的经历为我今天取得的成就奠定了基础。

当我们从更宏观的角度审视科技公司通常用来评估候选人的价值观和方法时，我那看似不可能的职业轨迹也就合理了。

亚马逊和谷歌在招聘时，优先考虑的是面试者是否具有智慧、勇气和对工作的热情，而不仅仅看他是否拥有某种专项技能。它们的招聘理念是，公司可以教会一个聪明人做任何事情，却无法让一个人拥有野心和毅力。

虽然我会强调，在我职业发展的过程中确实遇到了很多幸运的机会，但也有一些关键的方法为我带来了突破性的职业发展机会。

职业生涯中的关键投资

BET ON Yourself

- 找寻不可复制的机会。
- 优先考虑学习。
- 发掘有意义的影响。

我那不同寻常的职业道路让我明白，当我有幸遇到不可复制的机会时，我一定要重视并抓住它们，这一点是最重要的。一旦我抓住了这些机会，我愿意承担任何风险，因为我知道我的努力可能会改变我的人生。

对我来说，这种机会主要来自我愿意去初创公司工作，并接受公司发展初期所伴随的所有混乱问题，以便我可以直接为那些我非常钦佩并希望效仿的领导者工作。在进行职业选择时，我一直优先考虑那些需要我学习专业知识或技能的职位，这些对我职业生涯的深入和快速发展至关重要。我总是在强调，我所看中的是自己能从这个职位中学到什么，而不是这个职位需要我做什么。我的经历反复告诉我，任何职位的核心工作都是要充分发挥员工个人的工作热情和能力，这一点很多人都没有意识到。最重要的一点是，我一直在寻找机会，希望自己的工作能够对世界产生积极的影响。我的工作热情使我更快地取得进步和获得幸福，这是一味追求金钱或华丽的头衔无法比拟的。

我总会在寻求一个新职位时投资自己。每当我开始寻求新的职位，我就会自然而然地充满力量，这种感觉是在自己已经得心应手的职位上体会不到的。

抓住机遇，像贝佐斯一样思考

我第一次正式进入就业市场是在一个经济动荡的时期。2002 年，我在华盛顿大学完成了本科学业。而就在两年前，互联网泡沫破灭，数万亿美元的投资和数千家公司在一夜之间化为乌有，这无疑摧毁了整个经济。尽管当时就业机会非常有限，我的同学们毕业后都没有找到实习或工作的机会，但是我对即将开始的未知冒险兴奋不已。

我在华盛顿大学同时主修国际研究和斯堪的纳维亚研究两个专业，并在校内的欧盟中心兼职。在那里，我的工作主要是帮助组织会议，向学生和社区宣传有关欧洲政治和商业的知识。欧元于 1999 年问世，但直到 2002 年，也就是我读大四的时候，才被创始国正式启用，所以我的一篇毕业论文的研究主题就是欧元。

我在校内欧盟中心的日常工作并没有那么光鲜，我和另外 5 个人共用一间狭小的办公室，空间仅比一个大衣柜稍大些，这份工作却让我从一个超越学术的视角了解了全球经济。正是这份工作唤醒了我内心想要融入这个世界的渴望，并以某种方式推动着这份渴望不断滋长，哪怕我们正处于全球金融危机之中。我的同事们都致力于学术研究，他们打开了我的世界，让我认识到学术和全球政治是如何转化为塑造文化和社区的政策的。

以前，每当讨论这些问题时，我在校内欧盟中心的第一任领导菲尔·谢克尔顿（Phil Shekleton）就会变得非常紧张，他总是用手狠抓自己的头发。因此，当工作结束的时候，他看起来就像一个疯狂的科学家。这份工作让我开始从全球角度看待个人贡献。当时我的工作头衔显得微不足道，甚至可以说都没有头衔，而且工资也少得可怜，为此我不得不在学习的同时还要在苏塞罗图书馆兼职，负责整理书籍。

我最初的梦想是成为一名大学教授，对世界面临的重大经济和政治问题拥有专业的见解。我很幸运，克里斯汀·英格布里森（Christine Ingebritsen）和洛塔·加维尔·亚当斯（Lotta Gavel Adams）两位教授看到了我的潜力。虽然我在大一那年表现平平，但他们仍愿意指导我。我虚心向他们求教，寻求他们的指导，让自己最终达到了大学生应具备的学术水平，并且学术水平越来越高。当我结束在华盛顿大学的 4 年学习时，我获得了耶鲁大学杰克逊国际事务研究院的最佳毕业论文奖。我在大学的这种转变给了我信心，让我相信自己或许可以实现学术梦想。尽管如此，我仍觉得在读博之前，还需要在实际的工作环境中积累几年工作经验。这个决定彻底改变了我的人生轨迹。

愿意转变

有一次，我就自己毕业后应该做什么的问题咨询了校内欧盟中心新主任的意见。他问我是否想过申请去亚马逊上班，因为他的妻子在那里负责招聘工作。我当时给了他否定的回答，因为我从来没有考虑过这个问题。我在雷德蒙德长大，大多数朋友的父母都是科技公司的高管，虽然他们收入不菲，但在我看来，他们的生活总是按部就班，毫无生趣。然而，互联网泡沫的破裂使西雅图的经济遭受重创，我的大多数同学在毕业时都没有找到工作，所以我觉得自己应该尝试各种机会。我没再多想就向亚马逊投递了简历。谁能料想到我竟然接到了初级助理职位的第一轮面试通知。

如今回想起来，让我感到惊讶的是，我竟能够在那看似初级的工作机会中看到潜在的价值和成长的机会，即使这个机会与我在学术领域的职业抱负相去甚远。**很多人在职业生涯初期没有意识到，那些最终能给人带来成就感和回报的工作，在最初的工作描述中往往并没有显得特别理想或吸引人。**

我觉得自己很幸运，因为我明白，这看似初级的工作有可能让我接触到一些作为初级员工永远无法接触到的东西。这个职位为我提供了一个深入了解这家公司运营机制的机会，让我能够洞悉公司的成长和成功需要具备哪些必要条件。

当我从这个角度来看待这个潜在的工作机会时，我发现初级行政职位非常符合我的长期成长计划。我当时完全不知道如何当好一名助理，但我知道不断走出自己的舒适区是值得的，我将不得不面对大量的学习和曲折的成长过程，这一切将让我做好准备去迎接未来的理想工作。

亚马逊的面试次数和节奏都令我头昏眼花。我连续接受了公司所有高级助理的面试。我一整天都在公司，甚至在午餐时间还参加了一场面试，也就是说我午餐什么都没吃。显然我为这些面试所做的准备偏离了方向，我只对一些常见的、典型的面试问题做了充分的准备，但没有仔细研究公司的现状，没能了解公司在当时面临的挑战，也没有准备任何问题去问面试官。

事实上，我是很幸运的，因为我在大厅等待面试的时候注意到了一个展示牌上列出了亚马逊当时开展业务的 5 个国家。在接下来的面试中，一位面试官问我是否使用过亚马逊，是否知道公司在哪些国家和地区开展和扩张业务。我回答得非常自信，面试官丝毫看不出我是刚刚才知道答案的，我在面试前一天才创建了自己的亚马逊账户，还没有买过任何东西。面试结束后，我回到家，虽然感到筋疲力尽，但同时又充满了活力，因为我在亚马逊遇到了很多了不起的人，也听到了很多他们正在进行的创业项目。在那个环境中，我找到了归属感。

3 个月过去了，我没有收到亚马逊的任何后续消息。

当我正在寻找其他工作机会，为未来攻读博士学位做准备的时候，惊喜地接到了通知第二轮面试的电话。这一次，我做了充分的准备，阅读了我能找到的每一篇关于亚马逊的文章，我可以自信地对公司在不断变化的市场中经历的成长、面临的挑战，以及具备的优势发表观点并提出问题。这次面试我的是公司的几位高级副总裁。我记得自己当时很困惑，他们为什么要花时间面试我这个资历很浅的初级求职者呢？

其中一次面试是在一间昏暗的办公室里进行的，那里只有一台满是代码的显示器，角落里一盏奇怪的彩色旋转夜灯发出微弱的光芒。我不知道的是当时面试我的高级副总裁被分配的任务是找到我的崩溃点，看看能否让我哭出来。幸亏我认识很多技术人员，我早已习惯了这种尴尬的互动。我当时只是觉得这位高级副总裁身上有技术人员特有的性格特征，因此我尽量让自己不受他的影响。

又过了 3 个月，我还是没收到亚马逊的任何消息。于是，我觉得亚马逊不会给我工作机会了，但就在那时，电话又响了，亚马逊的招聘人员通知我过去参加最后一轮面试。当时，我已经找到了一份研究助理的工作，因而对此并没有欣喜若狂。在电话里，我对亚马逊的招聘人员说，他们已经了解了我的 20 个关键数据点，应该知道亚马逊到底想不想要我，因此没有必要再让我接受一轮折磨人的面试。我不喜欢他们一直这样踢皮球，不做决定。招聘人员立刻为这漫长的面试过程向我道歉，并向我保证这将是最后一轮面试。

然而，她没有告诉我，这次的面试官是贝佐斯本人。

我当然愿意参加最后一轮面试，因为我发现亚马逊拥有一群满怀抱负、爱岗敬业、充满热情的人。我想像他们一样，我想学习他们在某些领域的优势。尽管我感觉这已偏离了我的学术目标，但这次工作经历的价值显而易见。

我能感觉到亚马逊的与众不同，它面对的是其他公司从未尝试过的挑战。我确信自己在那里工作会学到很多东西，那是我在其他地方永远学不到的。在读博之前，我工作的全部目的就是获得真实的商业经验，而在亚马逊工作似乎是实现这一目标的完美途径。于是，我去参加了最后一轮面试。

相信直觉

在 10 月的一个清晨，我轻松地走进面试的会议室。突然，会议室的门开了，贝佐斯走进来并坐下，他在进行自我介绍之前，就发出了标志性的爽朗笑声。我立刻认出了他，因为他的面孔几乎每天都会出现在当地媒体上。

一开始，我满脸疑惑，以为自己走错房间了，贝佐斯应该是来面试工程师或高级主管的。可是我没有走错，他就是来面试我的。

面试一开始，贝佐斯便承诺他只会问我两个问题，并且第一个问题是一个“有趣的”脑筋急转弯。听他这般说，我深吸了一口气。他站起身来，从白板墙上取下一支笔，打开笔盖，他说他要出一道数学计算题。后来我才发现这是他的私人会议室，我当时吓坏了。贝佐斯说道：“我要你估算一下整个西雅图的玻璃窗数量。”

以前从来没有人问过我这样的问题。我停顿了片刻，让自己冷静下来，我提醒自己想想他提问的动机是什么。我告诉自己，他想了解我的思维方式，他想看我如何把一个复杂的问题拆分成一个个小的、可处理的步骤。

我心想，我能回答这个问题。

我概括地指出我将从西雅图的人口数量开始计算。为了便于计算，我预估该市有 100 万人口，谢天谢地，我居然猜对了。我接着假设，每一个人都拥有一座房子，一种交通工具，在一间办公室工作，或在一所学校上学，而所有这些地方都有窗户。所以，我建议应根据这些窗户所用玻璃的平均数量来进行估算。接下来，我就根据这个思路开始计算。

我深入分析了每一种可能会出现的情况和异常现象，以及这些异常现象产生的原因等。我感觉自己好像讲了几个小时，与此同时贝佐斯在白板上写满了数字，而实际上，我只讲了 10 多分钟。我记得当他写下估算的最后数字时，我感到一阵激动。他把这个数字圈起来，对我说：“我觉得这个结果是正确的。”

贝佐斯接着问了我第二个问题，他想听听我为自己确立的职业目标。以我现在对贝佐斯的了解，我明白他当初为什么只问了我这两个问题。通过这两个问题，他想了解我的潜力，看看我是否有毅力、勇气和动力跟随他的步伐前进，他想知道我是否足够勇敢，愿与他一起飞跃，不断提升。面试结束时，我们双方都知道虽然我只是一个初级助理职位的申请者，但为了成功，我愿意做任何事情。

就这样，我的面试结束了，疲惫且兴奋地结束了。

贝佐斯当场就聘用了我。我们两个人的办公桌只相隔不到 1 米，在整个公司里，我的桌子离他的桌子最近。

过了好多年，我才完全明白贝佐斯给我这个机会，助我实现突破的原因。贝佐斯身边的人，毫无例外需要的是他的管控，而不是他的激励。他的团队成员往往都雄心勃勃，勇于创新，信念坚定，而这些品质弥补了他们在任何专业知识方面的欠缺。在这种环境下，贝佐斯只需要用他的领导力来引导我们的能量，而无须试图激发我们身上的能量。

我终于明白，贝佐斯和亚马逊早期成功的关键，就在于这种孜孜不倦地追求卓越的精神。

追随梦想家

励志演说家吉姆·罗恩（Jim Rohn）有句名言：我们能取得的成就正是与我们相处时间最长的 5 个人所取得的成就的平均值。我觉得他说得非常准确。换句话说，我们的工作不可避免地影响着我们的个人生活，因为我们醒着的大部分时间都是在工作中度过的。**在工作中，我们受到激励，去追求更高的目标，接受新的挑战，获得更多的满足感，但我们也可能因为工作而耗尽精力，导致精神崩溃，从而失去快乐和活力。这一切都取决于我们周围的同事。**

入职亚马逊以来，我每次做出工作变动的决定都是基于未来同事的素质，以及他们能把我变成什么样的人。早年的这一点智慧给我的生活带来了幸福感，使我的人生得到更好的发展。

在我的生命中，上天给予我最大的恩赐就是能够和世界上最聪明的总裁们共事，一点一点地学习他们是如何深入思考、采取行动、实施激励并做出决策的。入职亚马逊的经历是我第一次对自己进行奥运级别的挑战。我当时对未来一无所知，只知道这次经历要么成就我，要么毁灭我。我愿意投资自己一次，看看最终的结果。

从早年的那次入职经历开始，我就一直希望自己成为那种需要被管控，而不是被激励的人。我一直在寻找那些能够挑战、支持并激励我去做一些远超自己能力的事情的团队，那些能给我的工作带来更多满足感的团队。当然，这让我感到工作负担异常沉重，也让我常常害怕自己不具备完成任务的能力。与此同时，我感到这种不断提升自身的需求，不仅可以控制，而且很刺激。

认真地投资自己

我遇到的具有真正变革精神的人都有一个共同特征，那就是他们总愿意投资自己。如果他们在前进的路上碰到了意想不到的岔路口，而这个岔路口恰恰能更好地引导他们学习想学的一切，并能为世界做出贡献，那么他们会欣然放弃儿时的梦想。他们愿意放弃儿时的梦想，这并不是说他们的梦想容易被动摇，事实上，恰恰相反。

非凡的人为了体验真正的满足感，愿意放下家庭和社会对他们的期望，甚至放下童年的梦想。即使当他们面临自我认同危机时，他们仍愿意转变。这是真正的勇敢，这也预示着他们在工作和生活中将获得长久的满足感和影响力。

贝佐斯就是这么做的。德邵基金（D. E. Shaw）是一家全球领先的对冲基金公司，总部位于美国纽约。贝佐斯在这家公司工作了 4 年，担任第四任高级副总裁。在他 30 岁那年，他鼓起勇气辞去了这份高薪工作。贝佐斯有千万条理由留下来，继续享受他辛勤工作带来的丰厚回报。没有任何外部因素值得他放弃这一切，冒着巨大的风险去创办自己的公司。

1993 年，贝佐斯向他的领导提出了一个想法，他想建立一家基于互联网技术的书店。他看到了互联网技术带来的巨大发展潜能，他脑海中浮现的是一间不受物理空间限制的书店，是一个能容纳数百万册图书的虚拟书店。贝佐斯着眼的是未来，思考的是突破和变革。那些着眼现在的人，他们只会解决当前的问题，因此他们只能产生较小的影响力，而贝佐斯解决的是未来客户的需求。

众所周知，德邵基金拒绝为贝佐斯的想法投资。于是，他果断辞去了金融领域的工作，冒险投身于互联网这个疯狂的新事物中。很显然，他最终取得了成功，但这需要他承担巨大的风险，用自己的未来去投资，他确信自己有能力弄明白他从未做过的事情。在此之前，没有人这样做过！

我从来没有想到，在接下来的10年里，自己也会有多次相似的经历。在这段充满未知的旅程中，我的第一步就是离开工作了3年的亚马逊，并开始我的读博生涯。我很享受在亚马逊的工作，也很珍惜和贝佐斯一起工作的时光，但进入学术界是我的梦想。我为此感到非常痛苦，为什么一个梦想的开始必须建立在另一个梦想的结束之上呢？

直到现在，人们还会问我：在亚马逊终于开始盈利、股价开始上涨的时候离开亚马逊是不是一个正确的决定？但当贝佐斯听到我被加州大学伯克利分校录取为博士研究生时，他表现出的热情兴奋让我确信我的决定没有错，没有什么比投资自己更值得的了。想要改变人生，与其通过实现别人的梦想来赚钱，还不如冒险去实现自己的梦想，贝佐斯正是这样做的。

在亚马逊工作的最后一天，我带着相机去了公司。我想在交出工作证之前，和贝佐斯拍一张合影，但我差一点儿就没有勇气向他提出这个请求。我很感激自己做到了，因为那张照片是我现在最珍贵的东西之一。我离开办公大楼时，情不自禁地流下了不舍的泪水。

我开着装满箱子的红色本田思域离开西雅图时，我哭了。在驱车南下伯克利的两天路程里，我在车上放着《哈利·波特》第四部的有声书，却一个字也没听进去。虽然承受着巨大的心痛和对未知的恐惧，我仍然坚信我想像贝佐斯一样，不想因为自己的胆怯，不敢冒险追逐梦想而在未来后悔不已。

保持学习状态比取得完美成绩更重要

攻读博士学位是一个让人学会放下骄傲的过程。那一年，我是唯一一位修读斯堪的纳维亚研究的博士生，所以没有同期的同学，没有人和我在同一时间研究同一项目，经历我所经历的一切。我的博士同学入学都比我早，所以我觉得自己是唯一一个不知所措的人。我在亚马逊工作时获得的最重要的经验帮助了我：作为教室里入学最晚的人，我要学会让自己感到舒适自在。

我还清楚地记得第一天去教室上课的情景。我们的教室位于伯克利校园中心的德威纳尔楼二楼，那间教室空荡荡的，没有任何装饰，教室中央摆放着一张桌子，周围放着 5 把金属椅子。我是唯一一个带着笔记本电脑上课的人，而我的导师和两位博士生同学的背包里装满了书和本子。我的导师不讲课，她只是坐在我旁边，引导大家进行讨论。

博士课程作业的难度让我措手不及。这和我在本科阶段所经历的一切完全不同。我父亲获得了一个硕士学位和一个法学学士学位，所以我单纯地期望自己的读博过程能像他一样，通过一系列明确的考试而获得学位。然而，我所学的课程需要阅读和获取大量的信息，通常会有长达 3 小时的讨论和辩论，再根据阅读内容完善自己的见解和观点，而这一切不会让我获得任何分数。

我感觉自己好像加入了一场无休止的讨论，而这场讨论在我离开后也并不会结束。我不知道要怎么做才能感觉到自己的价值，也不知道该如何衡量自己是否成功，因为整个过程中没有定期的考试作为评判的标准。

第一学期结束时，我把读过的 4 种语言的书全都堆放起来，这些书堆起来比我还高。在这样的学习环境中，我不知道该如何评价自己的实际表现，我不确定自己到底学得好不好。由于不知道如何为自己的成果或进步打分，我每天都觉得自己是教室里最愚蠢的人。

发挥自己的优势

事实上，正是因为这个原因，我读博第一学期的学习成绩很差。我的学习方法过于追求严格的理性分析，未能体会到简单学习概念的好处，未能留有空间，在潜意识中激发新的观点。我想以在亚马逊工作时的速度前进，但这与我所在学院的人才培养目标并不匹配，学院希望我通过学习，开放思想，接受新的思考方式和新视角，不受其他动机的影响。我的个性就是这样：总是想在一切开始之前就知道自己将要学习什么、经历什么，而这与博士培养的要求恰恰相反。这种脱节让我迷失了方向，我努力把自己在亚马逊学到的成功之道应用到学术领域，这反而使我的学习速度变得更慢了，学习的内容也变得更模糊了。

我在其他方面也感到自己格格不入。除了我之外，所有在校博士生都以文学为研究重点。我对全球经济和斯堪的纳维亚半岛的政治问题很感兴趣，所以我就一直在斯堪的纳维亚研究系和政治科学系之间奔波。这让我从一开始就更像个局外人。

在读博的第二学期，我的心理发生了重大转变，决定在当前环境下以一种新的方式发挥自己的优势。既然导师和其他同学对文学的了解远胜于我，那么我决定挑战自己，在每节课上，从大家未曾涉及的政治视角发表自己的观点。当我开口发言时，课上讨论的方向就慢慢转变了，这让课上每个人对问题的认知更加全面了。随着时间的推移，导师们抓住机会调整策略，让我们从不同的视角对指定阅读材料进行讨论。这让我不再自卑，觉得自己是有价值的。

此时此刻，我意识到提供全新视角的价值。我不再追求那种简单的通过融入集体而获得的舒适感，不再为了获得完美的分数，注重别人的优点，忽略自己的长处，从而导致自己的作用不能完全发挥。

开辟自己的道路

在离开西雅图前往加州读博之前，我担心自己会想念亚马逊那令人兴奋的工作节奏。于是，在工作的最后一天，我给亚马逊位于加州帕洛阿尔托的搜索公司 A9 的总裁乌迪・曼伯尔（Udi Manber）发了一封电子邮件，咨询他是否有什么特别的项目让我做，我训练有素，并且拥有像贝佐斯一样的思维方式。曼伯尔立即回复了我的邮件，他邀请我在伯克利安顿下来后，就找他商谈。

我们商定，我每周五去他的公司工作，负责总裁办公室的特别项目。于是，我一边沉浸在全方位的学术氛围之中，在教室里对导师的观点提出疑问和挑战，一边扎进竞争激烈的硅谷世界。我觉得这两者结合得非常完美。我学着相信自己的直觉，不再害怕质疑那些比我优秀的人，同时采取创造性的方法处理自己的生活、学业和工作。

那是一个星期五，我正在A9的办公桌前工作，突然电话响了。据我所知，没有人知道我的办公电话号码，甚至连我自己都不知道。电话那头是谷歌的招聘人员杰夫，他说他从多个渠道打听到我的名字，想问问我是否有兴趣去谷歌上班，我的第一反应就是坚决拒绝。

我终于完成了博士课程第一年的学习，成功地度过了令人困惑的一年。我大步向前，在一个对我的个人发展意义重大的项目中贡献自己的力量。

我忠于伯克利，忠于我所在的院系，忠于这里的人，更忠于自己想要成为一名教授的梦想。我谢绝了杰夫的好意，并表示目前对自己的学业很满意，不想参加面试。我急着挂断电话，连他的联系方式都没问。

整个夏天，杰夫给我打了好几次电话，想说服我去参加谷歌的面试。我一次又一次礼貌地拒绝了他的好意。尽管谷歌2006年才起步没几年，但杰夫可能还不习惯被别人拒绝。谷歌现在已经成为美国最厉害的公司之一，有才华的人都竞相加入。

当杰夫第4次打电话给我时，他询问我是否可以到谷歌园区参观一下，见一见公司的人。我不得不承认自己很好奇，我听说过一些关于谷歌的故事，那里有免费的食物、排球场、健康中心（有医生坐诊）、按摩室、午睡舱等。你甚至可以带狗去上班！我很好奇，在这样的环境中，人们怎么能做好工作呢？

于是，我答应了杰夫到谷歌园区参观，给我印象最深的是在那里遇到的所有人。他们是世界上最有趣的一群人，从事着令人着迷却深奥难懂的技术项目。在午餐时间，不知是偶然相遇还是招聘人员的巧妙安排，我发现与我同桌的是一群特别的人，其中一位是前宇航员，另一位是曾与兰斯·阿姆斯特朗（Lance Armstrong）同属美国邮政车队一起参加环法自行车赛的自行车手，还有一位是互联网创始人之一文特·瑟夫（Vint Cerf）。

我能感觉到这样的工作环境与我的梦想和抱负完全吻合。

我的大脑嗡嗡作响，感受到强烈的归属感。尽管周围人的简历令人生畏，但我丝毫没有觉得自己是个局外人。在我的内心深处，我知道自己就属于这里。

参观结束的时候，杰夫问我为什么不愿放弃学业，离开学校。我告诉他，我曾经的梦想是每天和世界上最聪明的人一起工作，改变这个世界。他听后忍不住笑了起来，说道："那样的话，我觉得你在谷歌会很开心。"他和我都清楚，我一定会来谷歌工作的。

与聪明人为伍

谷歌的面试过程异常激烈。我还没有决定是否接受他们的工作邀请，面试就开始了。那时，即使你接受了谷歌的工作邀请，也必须参加入职考试，通过后才能参加正式面试。每个部门的考试都不一样，因为我被招募到产品团队工作，所以我的考试内容和法学院入学考试的内容非常相似，包括智力测试题和一些复杂的问题。整个考试过程持续了几个小时。

我在以往的标准化考试中总是表现不佳，但这次非常意外，我居然在入职考试中得了满分。我不知道这个结果是源于我可以坦然接受失败，还是源自我还没有决定是否要放弃攻读博士学位，抑或是源于我在亚马逊学会了解决复杂问题的技巧。无论出于何种原因，我都轻松地完成了这些智力测试题，并阐述了我的解决方案。

因为我曾在贝佐斯手下工作过一段时间，所以我被聘为梅耶尔的执行事务合伙人。当时，她担任搜索产品和用户体验部门的副总裁，负责谷歌主页、谷歌涂鸦、谷歌地图、谷歌邮箱、谷歌新闻等产品。产品团队的工作是开发有用的工具并吸引用户使用，而寻找最佳方案让这些产品和服务实现盈利，则由其他团队负责。

我在山景城谷歌总部的 43 号楼接受了第一轮面试。工作人员带领我穿过大厅，走上巨大的木制楼梯。楼梯上方挂着一个和实物一般大的太空船 1 号复制品，而太空船 1 号在两年前获得了安萨里 X 大奖（Ansari X Prize）[①]。这架太空船复制品还没有正式安装金属支撑梁，看起来像是被一条大皮带挂在楼梯上方，挂得很低，让人觉得必须低下头才能从下面通过。在主厅外面耸立着一具绰号为“斯坦”（Stan）的雷克斯暴龙的骨架复制品，它是根据谷歌总部附近发现的暴龙化石制成的。我坐在会议室里等待着梅耶尔的面试，一边欣赏着公司里与众不同的装饰，一边想象着自己在这里工作的情形。一切都显得那么顺理成章。

面试时，对于梅耶尔的迟到，我并不感到惊讶。在此之前，我和她

---

① 安萨里 X 大奖是 XPRIZE 赞助的太空竞赛奖项，此奖提供 1 000 万美元的奖金，给予第一个能在两周内发射两次可重复使用的载人太空飞船进入太空的非政府组织。——译者注

的电话面试已经推迟过 3 次了。她的助理由于并发症正在紧急休产假，所以当时梅耶尔的工作安排有点混乱。

当我们第一次见面时，我立刻就喜欢上了她。她的笑声轻松而特别，以至于有人曾把她的笑声制作成手机铃声，这让她很不开心。她真诚温暖，聪明异常，对自己的工作有着超乎寻常的热情，而且说话总是开门见山，直言不讳。

我后来才知道，很多人都害怕梅耶尔，但我并没有这种感觉，她既聪明又坚强。无论是代码审查，还是深入研究产品设计细节，乃至单个像素级别的处理，她都非常严格，因此，她团队中面试我的人显然都很尊重她。她不遗余力地追求完美，并要求团队中的每个人都要像她一样。我再次感受到了我和梅耶尔之间有着共同的理想和抱负。

我提前做了功课，读了很多关于她的文章，但我希望在面试中保持开放的心态，以便形成对她的独特看法，无论是好是坏。我把能找到的关于她的每一篇文章都读了一遍，我觉得有些人对她的评判过于严厉，因为他们被这个聪明、干练且漂亮的女性吓到了。她并不是唯一一位遭受这种评判的女性领导者，而男性领导者却从来不会遇到这样的评判。

我知道为梅耶尔工作不是一件容易的事情，不过显而易见的是，我跟着她可以学到很多东西，这就是我最后决定接受这份工作的原因。梅耶尔明确表示，她自己也正走在成为 CEO 的道路上（几年后，她实现了自己的目标，成为雅虎的 CEO）。我知道自己想加入她建立的团队。谷歌在短短几年的时间里发展迅猛。那一年，谷歌的员工数量翻了一番，从五千人增加到一万人，公司利润快速增长。每个人似乎都在拼命工作，仿佛被一股共同的激情与活力所驱使，不断加速前行。

谷歌的员工团队已经成功地改变了世界获取信息的方式，而他们的工作才刚刚开始。公司的员工在个人做事风格和思维方式上往往都不按常理，不拘小节，他们在做出决策和设定目标时都以数据为导向。公司展现出一种坚定不移、勇往直前的姿态，大胆无畏地设立目标，并成为未来科技发明的主要参与者……这一切都让我着迷。我被卷入这股洪流，立刻又被远远地推向大海。我心里明白，已经没有回头路了。

2006 年夏天，我参加了谷歌的面试。8 月底，谷歌给我发出了一份正式的录用通知。我试图联系加州大学伯克利分校的导师和系主任，以讨论我的学业问题，但由于在暑假期间，我没能联系上他们。我和父母就此事谈过好几次，虽然他们心中各有想法，但他们提出的建议总是中规中矩的。

我并没有改变想成为教授的初衷。我喜欢自己的研究项目，而且感觉自己在学业上终于有了突破，包括对学业有了真正的理解。我确信在接下来的几年里，我会做得更好，所做的研究也会更有意义。

面对这样的局面，我该如何做出抉择？我心里很清楚自己想要什么，但我的大脑并不愿意轻易接受这个事实，它还需要经过一番挣扎。经过长时间的深思熟虑，我最终接受了谷歌的工作。在接下来的 10 年里，我把系图书馆办公室的钥匙始终挂在钥匙扣上，每天提醒自己，如果在谷歌工作得不顺利，我可以返回大学继续读书。这个想法时不时地浮现在我的脑海里，给我必要的安慰，因为在谷歌的头几年，工作真的非常不容易。

让你的周围都是你想成为的人

我从来没有想过，自己居然能在谷歌工作 12 年。我更没有想到，自己会离开这家公司，成为一家国际咨询公司的创始人，而公司的客户则是世界各地的 CEO。我一路走来学到的东西，通过看似微小但持续不断的转变，改变了我的人生轨迹。

在生活和事业上，对我影响最大的就是和我一起工作的人以及我为之工作的人所具备的优秀品质。你不必非得为身家过亿的总裁或顶级科技公司工作，才能从同事身上获得这种品质的提升，但是，你必须积极地培养这种品质。

在选择工作时，我总是优先考虑自己想为哪种人工作，而不是职位和薪水等其他事情，因为我知道他们会把我塑造成我想成为的那种人。当我看着那些在工作中找到快乐和具有影响力的同事时，我发现他们的团队里都是高质量人才，他们聪明、善良、有好奇心、有协作意识并且以结果为导向。

追随你想成为的那种领导者

在过去的 20 年里，有两个方法使我的事业得到稳步的提升。首先，我会找到一位管理者，从他身上学习我想走的职业道路，以及他所具备的领导品质。其次，我会选择那些与高素质人才一起共事的岗位，因为在这样的岗位上能得到与他们一起成长的机会。我本可以待在一些轻松的岗位上，这样可以避免承受公司给我带来的压力和不适，但这将牺牲我的长远发展和长久幸福。

当我大部分工作时间都待在自己的舒适区时，我的工作就会变得平淡无奇，它不仅会耗尽我的精力，还不能让我掌握新的知识和技能。如果每天有超过 80% 的时间都是在舒适区里，我就会不断寻找新的项目或岗位。**每一次职业生涯转变前，我都会问自己这个关键问题：“在职业生涯的下一个阶段，我想学点儿什么呢？”若不清楚自己想学什么，就很容易在无意中把自己限制在某些岗位或项目中，从而错失通过挑战自我和提高技能来实现职业飞跃的机会。**

我从来没有觉得我的领导或团队不支持我的个人成长，如果他们不支持我，我想我会义无反顾地辞去这份工作。我以往的团队总是激励我去冒险，去完成那些我不敢独自尝试的工作。

回顾整个职业生涯，我的上司们显然都是我成长道路上的关键人物。他们为我设定了基调、节奏和里程碑。我的上司们，不管是不是公司的 CEO，都给了我成长的机会，并在一个支持性的环境中不断给我挑战，使我的能力不断提升。作为交换，我有责任积极主动地把握机会。他们把结果看得比什么都重要，也促使我下定决心一定要实现这些结果。

连接机遇点

2005 年，乔布斯在斯坦福大学的学生毕业典礼上发表演讲，分享了有关成长和把握机会的人生哲学，这种哲学立即引起了我的共鸣，让我那些看似松散的职业选择变得有意义起来。他说：“展望未来时，你无法将生命中的重要节点连接起来，只有在回顾过去时才能发现它们之间的关联，所以你要相信，这些节点未来一定会以某种方式连接起来。

你必须相信一些东西，如你的勇气、命运、生命、因缘等。这种方法从未令我失望过，它彻底改变了我的生活。”去谷歌工作这一重大的职业转变不是我的第一次，也不是我的最后一次，为了抓住这看似千载难逢的机会，我选择投资自己。

我有幸在创新不断涌现的时代在一些公司工作过，而这个时代一去不复返了。在互联网刚刚兴起时，我能在亚马逊工作，目睹贝佐斯发明电子商务，这是一段无法复制的经历。那样的时刻再也不会重现了。我曾在大学做了一份不起眼的兼职工作，正是这份兼职工作教会了我一些核心技能，给了我尝试的信心，让我有能力胜任在亚马逊的工作。我在谷歌的职业生涯也是如此。我有幸见证了目前世界上最具影响力的公司之一如何创造改变生活的产品，从提出概念到发布产品，再到使之成为我们生活中不可或缺的一部分。

我在亚马逊和谷歌的团队就像我的家人一样，我们在一起的时间比和家人在一起的时间都要长，除此以外，我们在一起的工作经历在很大程度上塑造了现在的我。当我遇到讨厌自己工作的人时，我感到很心痛。我在世界各地有很多朋友，由于当地缺乏机会，他们没能找到既能提供挑战又能促进自身发展的工作。我很高兴看到互联网开创了公平的竞争环境，并提供了更多参与全球经济发展的机会，但前面依旧还有很长的路要走。人们仍然觉得，在一个能实现自我的行业工作是一种遥不可及的奢望，只有社会的精英人才才能从事这种工作，因为某些特定的城市可能无法提供这类工作。我个人希望能够帮助所有人打破这些壁垒。

有目的地选择与那些鼓舞、激励我们变得更好、做得更多的人共

事，往往可以抵消因工作带来的许多精力损耗。在我职业生涯的早期，当工作环境中缺少激励我的人时，我会在自己的个人生活中找到他们，并且会花大量的时间和他们合作，尽可能多地完成令人满意的项目。

有时候幸运女神不会眷顾我们，为了生活我们不得不接受一份与理想的职位或渴望的职业道路毫不相干的工作。不要绝望，所有人的职业生涯都会遇到这样的情况，无论这些职业从外表看有多么光鲜亮丽。即使在不太理想的岗位上工作，我们同样可以创造成长的机会。美国知名内衣品牌 Spanx 创始人、亿万富翁萨拉·布雷克里（Sara Blakely）曾挨家挨户推销了 7 年传真机，她认为公司取得的巨大成功就来自自己那几年学到的核心销售技巧以及不怕被拒绝的能力。任何工作，无论多么平淡乏味，都可以让我们学会一些核心技能，从而为我们未来的梦想职业助力。

取得看似不可能的突破性成功的关键在于不要害怕从小事做起。我们每个人几乎都想要成为有影响力的人物，但很少有人愿意放弃所拥有的一切，独自埋头苦干，创造一些东西。从小事做起可能是你最大的优势，所以不要为此感到遗憾，也不要认为这个阶段不重要。

我最初的几份工作原本非常普通，不会产生什么影响力。我曾“只是”一名办公室经理，然后“只是”一名助理，再然后也“只是”在读博士中资历最浅的学生。然而，仅凭着一点点聪明才智，我从中创造机会，这些工作最终成为改变我职业生涯的重要节点。我做得到，你也可以！

为自己赋能

当我做第一份工作时，如果有人问我的梦想是什么，我的回答绝对与现在从事的工作或所走的职业道路不同。我当时从没想过要在科技行业工作，更不用说为历史上最具开创性的两家公司的 CEO 工作了。

说句实话，我总是特别羡慕那些从小就知道自己人生目标的人。然而，我发现，对自己来说，甚至对大多数人来说，情况并非如此。关键是，虽然我不明白自己这辈子到底想做什么，但我很肯定地知道自己想学什么。

我记得在自己很小的时候，特别渴望成为一个与众不同的人，在某方面成为世界上最优秀的人，任何方面都可以！但不幸的是，我没有与生俱来的惊人天赋。不过值得庆幸的是，我明白了处事的热情、奋斗的目标和在某个领域的卓越成就虽然不是与生俱来的，但可以通过后天努力慢慢培养和发展起来。

传奇设计师黛安·冯芙丝汀宝（Diane von Furstenberg）曾经说过："我不知道我想做什么，但我一直清楚我想成为什么样的女人。"

如果你渴望实现一个梦想，它会推着你前进，而不是阻拦你。坚持你的梦想，生命中最大的快乐就会纷至沓来。

你是自己梦想中的英雄吗？回想 2002 年，在我职业生涯的早期，有一天早晨，我在贝佐斯的家中，帮助他准备与高级领导团队的高级战略会议。当贝佐斯和我们团队在为会议搭建船屋时，他讲述了他前一晚做的梦，在梦中，他必须从未知的外星攻击者手中拯救人类。他当时的妻子麦肯齐插话说，她最欣赏贝佐斯的一点是，他一直是他自己梦想中的英雄。

我想，这与我梦中的自己是那么不同。在我的噩梦中，我常常无法逃跑，甚至无力呐喊。而贝佐斯不同，他是英雄。

在贝佐斯身边工作的 3 年里，我从他身上学到了如何为自己赋能，成为自己梦想中的英雄，以及如何克服成长中的停滞不前。我很幸运能从这些传奇领导者身上学到这么多提升能力的经验。他们一致认为，**实现你那最疯狂的梦想的关键在于，你要意识到你是自己命运的设计者，你命中注定是这样的人。**

当我们愿意转变方向，并且足够相信自己的直觉，去抓住一个可能再也不会出现的机遇时，神奇的事情就会发生。你准备好为梦想中的事业和生活全力以赴了吗？你准备好创建一支由才华横溢的人组成的团队了吗？

他们会帮助你披荆斩棘，开辟自己的天地，而不是让你走上一条舒适安逸却碌碌无为的道路。他们鼓励你主动寻找那些志同道合的人，共同追求更高的目标和更远大的理想。

审视自我

在你当前的职业生涯阶段，你的日常工作和机会是否达到你的预期目标？你的周围是否都是一些榜样人物？你是否因为害怕而不敢冒险去抓住身边千载难逢的发展机会？什么样的工作项目能让你兴奋地起床？这些项目有什么共同点？你如何将更多的共同点融入工作和生活中？

把握机会

为了让自己在工作中得到最大的激励，你需要做出怎样的转变？谁能帮助你实现这个转变？你如何利用现有的关系网创造机会来实现自己的发展目标，并接触到优秀的人才？

拥抱挑战

采取必要的措施学习你认为重要的技能，同时寻找机会获得你渴望拥有的经历！

BET
ON
yourself

第 3 章

更聪明而非更努力地工作

失败是赢得尊重和

突破能力极限的必由之路。

韧性是创新和在竞争激烈的社会中生存所需的最重要的品质，也是你在想要投资自己并提升自我时必不可少的技能。我在职业生涯的一些关键时刻，得到了命运的眷顾。而在工作中的韧性，不仅让我得以走进做出核心决策的房间，而且还让我在会议桌前拥有一席之地。

过错和失败在所难免。然而，过错和失败比成功更重要，它们是赢得尊重和突破能力极限的必由之路。虽然我也希望能避免这些尴尬和挣扎，但我认为这一步是无法逾越的。

我跟很多亿万富翁、成功人士相识并一起工作过。无一例外，他们都有着异于常人的韧性。这绝对不是偶然。他们在不断的磨砺和失败中锤炼出了韧性，偶尔犯一些尴尬的错误，在耀眼的聚光灯下接受审视，一次又一次地、目标明确地去实现自己的梦想。

以我的个人经验，尽管他们身为 CEO，但他们绝对能感受到自己的错误和令人失望的结果所带来的痛苦。他们之所以能够成功并不是因为他们避免犯错。事实上，他们乐于面对错误，因为只有这样才能学到更多的东西。他们之所以与众不同，是因为他们勇敢面对失败带来的各种可能性。当他们摔倒时，他们不会倒在地上太久。他们身上的这种韧性源于他们肩负的远大目标和使命。

想要培养自己的韧性，可以从以下 3 个关键点入手。

职业生涯中的关键投资

BET ON Yourself

- 从失败中加速学习。
- 掌握快速调整的技能。
- 审慎地承担风险。

与我共事过的 CEO 告诉我，**只要你肩负的使命超越了你的能力，韧性就会自然产生。在你一步步实现梦想的过程中，正是这种韧性激发了你一次次试错的能力。**贝佐斯经常说，企业家需要愿意在很长一段时间内承担被误解的后果。这需要极强的韧性。

为了实现自己的人生目标，我必须学会忍受风险和潜在的尴尬。如果我不这样做，我的人生将会平淡无奇且空虚。幸运的是，我的职业生涯迫使我迅速认识到，如果我想实现理想，为尽可能多的人服务，那么我就必须选择勇敢。更准确的说法是，我选择了坚韧，勇气就随之而来。

把失败当作自己的优势

正如我在前言提到的，我曾经差点儿要了贝佐斯的命。

我在亚马逊工作几个月后，贝佐斯带着一个不寻常的项目来到我的办公桌前。他想去看一看在得克萨斯州的几处房产，而他只有几天的时间。他神秘地把一张纸条放在我的桌子上，上面写着几串长长的数字。起初，我怀疑这又是一个脑筋急转弯，但作为一名前战斗机飞行员的女儿，我马上意识到这些数字代表的是 GPS 坐标。

我很快就在地图上标出了这几处房产所处的位置，同时也意识到，它们相隔太远，在贝佐斯规定的有限时间内无法开车去所有的地方。包机似乎也行不通，因为这几处房产附近的机场也相隔太远了，会浪费太多时间。

我把自己的发现告诉了我的上司约翰。“我认为贝佐斯的任务是不可能完成的，”我告诉他，“我们要么需要更多的时间，要么需要减少他想要考察的房产数量。”

我刚刚说出评估结果的最后一个字，约翰就回应道：“必须完成。”

我回到办公桌前沉思起来，最终意识到理想的交通工具必须比汽车快，而且启动起来不那么复杂，停放也要更加便捷。

我们需要一架直升机！

我兴奋地把我的想法告诉了约翰。

他头也不抬地说：“好，就这么办！”约翰的反应好像租一架直升机是一件简单而平常的事。

当时的我 20 岁出头，从未租过直升机。我的关系网里肯定没有与直升机相关的人。我想了一会儿，决定联系我们正在合作的包机公司，看看能否通过他们预订一架直升机。结果成功订到了！

在压力下快速决策

我和我们的内部团队一起完成了安全检查，并预订了我人生中的第一架直升机。这次旅程进行得很顺利，贝佐斯从得克萨斯州回来后对他的项目更有热情了，这让我松了一口气。当时我还不知道他打算在那里建什么。几周后，贝佐斯让我再安排一次去得克萨斯州的行程。他想再看一看他最喜欢的几处新房产，然后再决定买哪一套。

贝佐斯和他的飞行员开始了冒险之旅，计划第二天回来。但后来发生的一件事使这趟得克萨斯州之旅的每一秒都深深地刻在我的每条神经里。在我的脑海里，那一切仿佛以慢动作的形式一帧一帧地重现，那种痛苦的感觉让我难以承受。

那天早上，我像往常一样早早地来到了办公室，为一天的工作做准备。我当时正在看一份简报，桌上的电话响了。电话那头是其中一名飞行员。我以前从未接到过机组人员的电话，机组人员让我不要惊慌，可他随后说的话却立刻使我惊慌起来。他们在办理第二天从得克萨斯到西雅图的返航手续时，听到扫描仪响起了紧急信号。

他们无法确认那架信号出现异常的直升机是不是贝佐斯乘坐的直升机，也无法确定那架直升机到底出了什么事，但那架直升机很有可能就是贝佐斯乘坐的，而且已经坠毁了。

我的手开始颤抖，连笔都握不稳了。我打电话给我的上司约翰，他同意我的提议，立即召开紧急董事会会议，为所有可能发生的情况做准备。我们需要准备一个沟通和策略计划，以防贝佐斯真的受伤或死亡。这架出事直升机发出的紧急求救信号需要一些时间才能得到紧急救援人员的回应，因为它的位置并不靠近任何大城市或医院。

我当时满脑子想的都是自己可能害死了贝佐斯以及整个亚马逊，甚至可能毁掉了电子商务的未来。当时正是 2003 年初，亚马逊的全部价值几乎都建立在公众对贝佐斯的信任之上，公司还没有实现“真正”的盈利。亚马逊曾经有过盈利的季度，但在公司发展的前 5 年，贝佐斯特意没有把重点放在盈利上。

在贝佐斯富有远见的领导下，亚马逊成为互联网泡沫破灭后幸存下来的科技公司之一。这段经历让贝佐斯本能地懂得了节俭，但他在增长战略上却异常大胆，尽管投资者对他心存疑虑，他还是启动了一项非常规的商业计划。此刻，贝佐斯和所有亚马逊人制定的这些卓越的战略以及这么多年辛勤工作的成果，可能会随着一架直升机在得克萨斯州西部的某个地方坠毁而消失殆尽。

经过几个小时的漫长等待后，我得知自己为现代最伟大的梦想家之一的贝佐斯租用的直升机确实坠毁了，他在直升机上，但没有人知道直升机的确切位置，也没有人知道机上乘客的生死。

当我们召开紧急董事会会议，为所有可能发生的情况准备对策时，我开始给得克萨斯州西部偏远地区的医院打电话，询问是否有人在直升机坠毁后被送进来。最初的几通电话并没有得到确切的回应。当我打电话给第 4 家医院时，接待员问我：“你是家人吗？”我知道我找到他了。

那时，贝佐斯一直在参观得克萨斯州大教堂山附近峡谷里的一个牧场。天气一开始很凉爽，飞行员驾驶着单引擎直升机载着贝佐斯和他的私人助理起飞了。他们飞到贝佐斯想看的第一个牧场，接上牧场的主人—— 一个壮硕的男人，在空中做资产测量。这时，气温上升了，发动机的力量不足以承载飞机上额外的重量。直升机起飞时尾部撞上了一棵树，翻了个底朝天，随后坠入附近的一条小溪中，像破碎的鸡蛋一样裂开了。

贝佐斯在那天证明了他是一个真正的超级英雄。我有一种感觉，他会很乐意经常讲这个故事（谁不会呢？），因为他救了直升机上的所有人。可是，每当想起那天的情景，我还是会手心冒汗。

当直升机坠入小溪时，贝佐斯先挣扎着起身，然后迅速地把飞行员拉出来。接着，他把一侧肩膀受伤严重的牧场主人从他的私人助理身上拉了起来，而他的私人助理脊柱骨折，被困在牧场主人的身下。等所有人都安全了，贝佐斯就用我为他准备的卫星电话呼救，把所有人都送到了距离事发地最近的医院。

事故发生当天正是亚马逊公关部新任副总裁上任的第一天，所以她在公司的任期有了一个难忘的开始。当贝佐斯打电话给董事会时，他们已经起草了针对多种情况的公告，包括他的死亡。

贝佐斯告诉董事会不要主动发表任何声明，并尽可能地掩盖这件事。当时，除了贝佐斯，没人知道他正在得克萨斯州购买地产用于建造航空航天公司——蓝色起源（Blue Origin）。

登上太空是贝佐斯从小的梦想。当美国宇航员尼尔·阿姆斯特朗第一次在月球漫步时，贝佐斯才 5 岁，这给他留下了深刻的印象。在高中毕业告别演说中，他告诉同窗他一定会登上太空，他当时不是说他想去太空，而是说他一定会登上太空。他创建蓝色起源公司就是为了实现这一承诺。他将参加谷歌 XPRIZE 登月大赛。但是贝佐斯和他的梦想以及亚马逊的未来，在那一天差点夭折。

我已经做好了被解雇的准备。我想差点害死 CEO 足以成为被解雇的理由。然而，在事故发生后，贝佐斯和我说了一些我这一生听过的最珍贵的话，他说："希亚特，我听说你在压力下表现得很好。"在我的一生中，从来没有像那一瞬间那样感到宽慰和感激。

在失败中树立信心

那一刻永远地改变了我们的工作关系和我的思维模式。贝佐斯对我很有信心，他相信我这个资历较浅的员工可以承担重任，可以在危急时刻（尤其是在事情变得非常糟糕的时刻）保持冷静并提出恰当的问题。更重要的是，我学会了在面对可能发生的灾难时，要相信自己和自己的直觉。

我职业生涯中最糟糕的一天教会了我，失败可以加速自身的学习。如果那架直升机没有坠毁，我想我可能要花好几年的时间才能学会我在那一天所做的一切——相信自己的直觉，处理危机，委派任务，与比我级别高的人沟通，以及在没有官方授权的情况下发挥领导作用。

我当然不可能为直升机坠毁了而高兴，但我永远感激它让我认识了自己。还有，从那一刻起，我只租有两个引擎的直升机！

对我来说，从灾难的边缘逆转简直谢天谢地，但这已经是亚马逊故事的一个常规部分了。贝佐斯本人曾是1999年《时代周刊》的年度人物。35岁的他成为第4位获得这一荣誉的年轻人，其他3位是25岁的飞行员查尔斯·林德伯格（Charles Lindbergh）、26岁的伊丽莎白女王和34岁的马丁·路德·金。就在贝佐斯获得这个荣誉之后，亚马逊开始走下坡路，贝佐斯花了4年时间才从低谷中恢复过来。

当时，亚马逊成立不到5年，尚未实现盈利。虽然亚马逊从1995年的300个客户发展到1999年的1 300多万个客户，销售额达到80亿美元，但华尔街仍然对亚马逊能否盈利持怀疑态度，投资者担心亚马逊会成为互联网泡沫破灭的受害者。尽管没有实现盈利，但亚马逊的估值仍然很高。

到2000年，随着互联网泡沫破灭，贝佐斯已经借了20亿美元来维持公司的运营。当我2002年加入亚马逊时，公司已处在破产的边缘，由于营收停滞不前，14%的配送中心员工被解雇。

在我入职的第二年，也就是2003年，随着贝佐斯的长期增长战略落地生根，公司的营收开始反弹，亚马逊实现了4亿美元的利润。这之后进入了一个稳定的增长期，当然，我们后来看到亚马逊的利润呈天文数字式的增长，这要归功于贝佐斯的大胆决策和成功的决心。

尽管有人质疑，贝佐斯对自己的计划依旧很有信心。他带领团队和公司参与创建了现代电子商务平台。他坚持把重点放在长期增长上，而不是像一些竞争对手那样，为了安抚投资者而做出追求短期利润的决定，这一战略最终造就了亚马逊今天的地位。但在当时，这一战略产生的全面性影响还远未显现，因此怀疑论者会质疑贝佐斯是否能够成功。

在 2003 年底，贝佐斯的远见和我们所有人的辛勤工作开始得到回报，我们对外宣布亚马逊第一次实现盈利。公司迅速开拓新的市场和除书籍之外的新产品领域。2002 年，也就是我在亚马逊工作的第一年，贝佐斯推出了“超级免费送货服务”，这是大多数消费者现在的刚需服务，我们很难想象没有它的生活会是什么样子。

虽然这项创新最终取得了巨大成功，但董事会最初并不相信它会奏效。考虑到当时亚马逊本就不高的利润率和贝佐斯非传统的商业模式，董事会对这个可持续的商业计划持怀疑态度。我在早期的董事会会议上，经常听到有人讨论要引进一位经验更丰富的“职业 CEO”，以制约贝佐斯那些看似疯狂的想法。

在那几年里，贝佐斯一直处于失败的边缘，他对自己有了更多的了解。他变得更敢于承担风险，只雇用那些能提高标准的人，在用户体验上投入巨资，并且毫不后悔自己的选择。贝佐斯的经历是我能举出的把失败看作学习的最好的例子，他把失败当作自己的长期优势，因为他愿意把失败看作学习的加速器。

将精力集中在“石头”级任务上

当我差点儿害死了我的老板时，我对自己和同事都有了更多的了解。早期的韧性教育对我来说至关重要，它帮助我在硅谷开创了一个成功的职业生涯。许多年后，在谷歌担任新职务初期遭遇失败时，我意识到自己需要再次锤炼这种韧性。我如果因为压力过大分散了注意力，就会忘记自己最初想要构建的东西，进而很容易在工作中出现纰漏。

我在谷歌的前 5 年充满了挑战。第一年的困难主要来自繁重的学习内容和大量的工作任务，而且我几乎没有得到任何关于如何完成这些工作的指导。

团队的项目交付时间总是十分紧凑，挑战在于以惊人的速度创新、实施和交付产品。我们甚至没有时间喘口气，更不用说让任何人向我解释那些七七八八的名词、缩写词和专业术语是什么意思了。如今新人入职谷歌会得到一本内部参考词典，方便学习谷歌的“行话”。但在那时候，我完全得靠自己去摸索。

刚开始工作的时候，我没有任何人脉，也没有资源来完成交给我的任务。在公司发展的那个阶段，几乎没有成文的程序来说明如何做任何事情。你只能边做边学，试着做正确的事，做出关键的决策，并希望它能奏效。所有的事情都是通过关系完成的，彼时公司规模尚小，同事之间可直呼姓名。不幸的是，一开始我谁都不认识，却被分配了已经延误的大型项目。

重新评估自己的工作方式

我在谷歌的第一天，实际上是在附近酒店的会议室里参加团队的外出活动。梅耶尔的整个搜索产品团队都挤在那个房间里，每个人轮流展示自己对谷歌 10 年后产品发展的设想。有些人展示的是手绘的草图，有些人展示的是正式的模型。讲解风格和水平一点也不重要，整个活动的目的就是挑战你自己，想象未来谷歌用户的需求，以及我们今天如何构建最终需要的技术和工具。正是这种面向未来的产品愿景，造就了今天的谷歌。

我唯一记得特别清楚的讲解，后来成为谷歌图像搜索的早期想法，现在每天都有大量用户使用它。在当时，使用尚未发明的图像识别技术提供搜索结果是一个激进的想法。这项技术非常复杂，涉及对难以计数的视觉数据进行索引，花了数年时间才落地。我从第一天起就见证了历史的创造。

尽管我看到了公司的伟大和使命，但在谷歌的第一年，我的日常任务大多是吃力不讨好、不被看见且永无止境的。我的本能反应是埋头苦干，每天工作 18 小时来处理我的海量任务。这是一种灾难性的做法。

我还留着那一年的笔记本，上面写满了乱七八糟、难以辨认的笔记，大部分都是我问自己的问题：我的任务到底是什么意思（因为项目中的所有东西都是用代号来指代的，对我来说毫无意义）？我应该和谁合作（因为大多数员工用的是他们的电子邮件名或 LDAP[①] 身份，而不是他们的真名）？最后期限到底是什么时候（因为每个发布日期都取决于其他几个同时进行的项目的命运，这些项目的时间表也在不断变化）？

---

① LDAP 是 Lightweight Directory Access Protocol 的缩写，指轻型目录访问协议，是一个开放的、中立的、工业标准的应用协议，通过 IP 协议提供访问控制和维护分布式信息的目录信息。——译者注

我和梅耶尔还有她的两个直接下属共用一间办公室。我们的办公室就像是校园的活动中心，大多数情况下，约 700 人的产品团队中的每个成员每天至少要在我们的办公室晃一圈。我学会了忽略大部分的混乱，只关注与自己有关的事情。

我工作时几乎从未离开过办公桌。有一家咖啡馆离我的办公桌只有不到一分钟的步行路程，同时还提供免费的一日三餐，但我从来没有去过。我太忙了，根本没时间吃饭。同事们会忧心忡忡地给我端来食物，我却经常忘记吃以至于它在我的键盘旁放了几个小时，最后我不得不心怀愧疚地把它扔掉。我记得我很害怕自己会因为没有时间起身去离办公桌不到三米的洗手间而得膀胱炎，我一度不知所措。

几个月后，我和梅耶尔之间有了些误会。我记得那天感觉还不错，终于觉得自己是团队的一员了，我明白我们在构建什么，需要完成什么。我交了一些很棒的朋友，他们帮助我理解行话和如何把事情做好。但后来梅耶尔表现得很奇怪。她平时很健谈，精力充沛，但那天我见到她时，她却很安静，就好像她真的很生我的气，躲着我，可我想不出她为什么会这样。

我试着忽略这种感受，但那天晚些时候，当我试图与她谈话时，她有意避开了。于是，我跟着她走到她的车前。我认为我们已经建立了良好的工作关系，所以当她说一切都很好时，我不相信她的话。当我再次追问时，她说出了真相。

原来是因为，CEO 施密特和所有高级副总裁在第二天要召开一个大型会议，梅耶尔没有被告知，但她本来是要参加的。施密特的助理忘记把梅耶尔添加到会议名单中，因为她是名单上唯一的非高级副总裁，而且没有被安排在通常的组别中。而且不巧的是，梅耶尔的个人活动计划与之相冲突，这是非常罕见的情况。她绝对无法改变这次会议的日期，因为大家已经从全国各地坐飞机来参加这次会议了，但这并不是错过与 CEO 会面的合理理由。

比起施密特的助理忘记邀请她，梅耶尔对我不知道这次会议这件事更生气。

我的心碎了，感觉这很不公平，而且是针对个人的。我在脑子里列出了我为这份工作做出的所有牺牲。我放弃了博士学位，每天工作 18 小时，帮助她和整个产品团队成功地将他们的成果推向世界。这就是我得到的回报？

在回家班车上的一个多小时里，我闷闷不乐，没有像往常一样阅读工作邮件。那天晚上我躺在床上睡不着，终于有了片刻的清醒。我认为她说得很对。

我一直沉浸在完成任务的思维定式中，从我工作的第一天开始，就没有抬起头来，去看一眼桌子上堆积如山的任务之外的东西。我忘记了，作为她的执行商业伙伴，我代表的是她和团队的最大利益，其他任务虽然很重要，但都是次要的。这是我的一个工作疏漏，不管有意还是无意，我都失败了。

在失眠的那一刻，我决定要立即做出改变。

储备“友谊货币”

为了有效地完成我的工作，我需要拓宽自己的视野，把注意力集中在为梅耶尔和她的团队创造成功所需要的东西上：人际关系。我需要从办公桌后站起来，建立新的联系，而不是担心小任务会堆积起来。如果人际关系是在谷歌完成工作的关键，那么我需要在公司里储备“友谊货币”。

我需要建立一个信任的网络，让人们愿意和我一起工作。如果我早点这么做，施密特的助理就不会忘记邀请梅耶尔，因为当她在咖啡馆里看到我，或者从别人那里听到我的名字时，她就会提前意识到自己的失误。我虽然不太聪明，但一直很努力，是时候做出改变了。我开始优先考虑并主动创造机会与同事加强联系并搞好关系。

有一个关于石头、鹅卵石和沙子的类比可以很好地说明这种工作方式，这个类比是由《高效能人士的 7 个习惯》（*The 7 Habits of Highly Effective People*）的作者史蒂芬·柯维（Stephen Covey）普及的。它讲的是为了装满一个罐子，首先应该放入石块，然后放入鹅卵石，最后用沙子填满罐子内的空隙。石块代表你的核心目标，鹅卵石代表的是围绕短期目标的任务，沙子代表的是那些似乎永远不会消失的小任务，但这些小任务并不是驱动成功的关键因素。如果你先把沙子放进罐子里，就没有空间放重要的石块了。这是初级员工常犯的错误，我也不例外。

执行工作任务的顺序是取得成功的关键所在。当一个人在更小、更容易的“沙子”级任务上努力时，他有可能会离成功越来越远。我学到了至关重要的一课，那就是把我的注意力、精力和时间完全集中在移动“石块”上。这些“石块”是我们未来成功的基础，“鹅卵石”和“沙子”

会填满它的周围。

这对我来说是一个突破性的认识，也是我在谷歌 12 年职业生涯开始时的一个重要转折点，当然这肯定不是我的最后一次转变。我依旧会经历失败，依旧会无法识别核心目标，但我会不断地做出调整，并坚信这种模式一定会带来最终的成功。

站在增长的核心点有计划地冒险

后来，我和梅耶尔的关系有了很大改善，我真的很享受我们之间的合作关系。当她邀请我和她一起去苏黎世参加高层领导会议时，我既兴奋又紧张。这对我来说似乎是一个绝佳的机会，我可以更多地了解团队，并参与到他们所关注的具有影响力的全球项目中去。

我们一起乘坐谷歌创始人的私人波音 757 飞机从加利福尼亚州飞往苏黎世，机上约有 20 名谷歌领导层成员。我以前从来没有坐过私人飞机，更不用说坐私人波音 757 飞机了，而且周围都是世界上极有影响力的人物。

我记得自己当时非常紧张，不知道他人眼中的我是什么样子的。飞机起飞大约 1 小时后，我坐在舱尾的椅子上，用笔记本电脑工作，尽量不妨碍他人。就在这时，谷歌的联合创始人拉里·佩奇（Larry Page）走到我身边，问了我一个问题。尽管佩奇的办公室离我的办公室只有几步之遥，而且我们每天都见面，但我们以前从未在社交场合聊过天。我很高兴有机会和他交谈，可以更好地了解他，但我也很紧张，希望能给他留下好印象。

我站起来和他说话，把打开的笔记本电脑放在座位上。就在我和佩奇谈话的时候，空姐给我端来了一杯健怡可乐，可我完全忘了点了可乐这件事。突然间，飞机出现了巨大的颠簸，佩奇和我都失去了平衡，差点摔倒。健怡可乐从我手中飞了出去，洒在我打开的笔记本电脑键盘和浅灰色的座椅上。

我感到羞愧难当，因为我不仅毁坏了公司的设备，还弄脏了私人飞机上的座椅，而且还让佩奇目睹了我的尴尬时刻。我当时真想打开舱门跳下去。

佩奇却一点也不在意，友好地对我说："它们只是一些东西，我们可以解决这个问题，至少你人没事！"尽管他如此真诚地安慰我，我还是觉得很难受。当其他人躺在椅子、沙发和地板上睡觉的时候，我却毫无睡意，一直笔直地坐着，盯着我那无法开机的笔记本电脑，对刚刚发生的那一幕感到懊恼。

在整个飞行过程中，我都沉浸在羞愧之中，然后我决定调整自己的状态。与其让这种"沙子"级别的失败羞辱我，导致我停滞不前，不如在接下来的旅行中通过更有成效的工作来弥补这次失误。当我们到达谷歌在苏黎世的办公室时，我跑到技术部，让他们给我配了一台新的笔记本电脑，随后便和我们的执行团队一起参加了会议。

做别人不想做的事

由于时差，以及愧疚感驱使我想要尽可能多地贡献价值，接下来的 3 天我几乎没怎么睡觉。我充分利用了每一秒，并抓住机会以一种更私人的方式与高层领导建立联系，这是我们在加州的山景城总部时没有的机会。在苏黎世的最后一个晚上，我和梅耶尔也有了一些宝贵的相处时间，她带我去一家餐厅吃奶酪火锅，这家餐厅是她从斯坦福大学毕业后不久到加入谷歌之前的这段时间，在附近的瑞银集团研究实验室实习时最喜欢的地方。

旅程结束时，梅耶尔告诉我，我在她身边帮了很大的忙，我做得很好。我很高兴自己能够重新调整好心态，并将那种羞愧化作动力，而不是受到打击后选择退缩到幕后。

这种技能在我的职业生涯中多次派上了用场，尤其是我在一些非常重要的人面前经历尴尬失败时。如果没有那次旅行开始时心态的转变，我就不可能与公司的高层管理人员建立起良好的关系。在接下来的9年里，这种关系让我在高级项目和任务上得到了信任。

在失败后迅速做出转变，这样的智慧是赢得他人信任的关键因素，同时也是在推进项目和职业晋升中被忽视的关键区别。谷歌之所以强调“早失败，常失败”，是因为只有当你完全接受这个学习周期，从中吸取经验教训，并迅速应用到实际工作中，成长才有可能实现。

我发现，**要想在团队中变得不可或缺、脱颖而出，尤其是在职业生涯的早期，最有效的方法就是始终如一地做那个愿意做别人不想做的事情的人，尤其是在你没有被要求做的情况下。**这样做能够为你树立一个总是做正确的事情、拥有远见卓识和敏锐的洞察力且积极主动的形象。这是我每次升职和成功求职的关键。

选择承担适当的风险是所有创新和突破性转型的核心，在我们的个人职业发展战略中尤为重要。

我在产品团队为梅耶尔工作了 3 年，每天我都能看到人们在冒险。那是一段充满挑战、冒险的难忘的经历。直到今天，我大多数最亲密的友谊都源于那段在谷歌的早期岁月。共同经历历史性的艰难困苦会孕育出一种独特而深厚的纽带。

在梅耶尔的领导下，我学会了如何激励一个庞大的团队同步运转，不断产生新想法，从而实现我们的目标。我也对如何完成工作，如何构思一个想法并付诸实施有了基本的了解。这几乎从来不是一个顺利的生产过程，总会遇到意想不到的障碍。我很珍惜创造周期中的每一个阶段，也很欣赏生产过程中每个人所承担的角色。这些宝贵的经验和技能为我职业生涯中的持续进步奠定了坚实的基础。

有些风险是由团队共同承担的，有些风险是我们必须独自面对的。有时候，个人的进步会让我们周围的人感到威胁。

打破现状来创造新的机会

一天，施密特的行政助理帕姆来找我，说 CEO 办公室有个职位空缺，他们想知道我是否有兴趣加入他们的团队。我之前在很多产品发布时与他们有过互动，但对这个团队的了解并不多。

我喜欢帕姆的领导风格和勇气。她自称是公司的“鸭妈妈”，负责让大家步调一致。在过去的 10 年里，施密特在 3 家公司担任 CEO，帕姆一直跟随着他，他们有着紧密的工作关系。我此前从来没有考虑过离开梅耶尔的团队，因此，一开始我也不知道该如何应对。最后，我在好奇心的驱使下决定和施密特谈谈，以便了解更多关于这个职位的信息，以及与施密特一起工作可能会是怎样的情况。

我领略过施密特招聘高级管理人员的方式，他非常关注他们独特的才能、目标和动力。我听说过他聘请雪莉·桑德伯格（Sheryl Sandberg）① 的故事。而桑德伯格当时对加入谷歌后所担任的角色有些顾虑。直到今天，谷歌招聘时仍注重人才的发掘，而不是只针对某个特定的职位所需的技能。许多准备入职的人员在加入公司之前甚至不知道自己将从事什么工作。桑德伯格也对这种非传统的招聘方式感到担忧，她想更多地了解加入谷歌后到底能做出什么贡献。施密特使出了他的必杀技，告诉她："当你被邀请乘坐一艘火箭飞船时，你不要停下来问哪个座位，你只管登船。"桑德伯格欣然接受了这个提议，我也做出了同样的选择。

在与施密特的非正式面试中，我很高兴他没有像贝佐斯几年前那样问我一些脑筋急转弯的问题。施密特说我过去在亚马逊的业绩和在谷歌的表现足以证明我有能力胜任这份工作，他只需要知道我和他是否能成为很好的队友。我有点惊讶施密特竟然知道我是谁，而且他还听说过我的事迹。我不得不承认，这让过去 3 年里那些看似默默无闻的工作和吃力不讨好的漫漫长夜变得更有价值。

① 谷歌全球在线销售和运营部门副总裁，是第一位进入 Facebook 董事会的女性成员。——译者注

我非常喜欢施密特描述的工作哲学，他着眼于长期目标，不仅注重影响力，还注重未来建设。为了实现他的职业目标，他优先考虑建立一支优秀的团队，所以他主动寻找最优秀的人才。当他在那次非正式面试中给我这份工作时，我感到很荣幸，同时也觉得有必要接受这个挑战。

这次职业变动是对我影响最大的一次，它给我带来了几年的尴尬，这是我没有预料到的。首先梅耶尔对我加入 CEO 团队的决定感到不快。她把我的离开看作我对她的职业发展轨迹和她成为 CEO 的目标缺乏信心的表现。然而，这与事实相去甚远。我确信她很快就会成为 CEO，我完全期待着能和她一起踏上这段旅程。

事实上，当施密特描述他组建团队的理念时，我深受触动。他说自己对待工作就像跑马拉松一样，他致力于提升周围人的能力。他在他们身上投入时间，会依据他们的能力给他们具有挑战性的项目，并给他们充分的自主权来学习、尝试和成长。梅耶尔也在发展和支持她的团队方面投入了大量资金。她一直为我们的加薪、晋升而努力奋斗。然而，施密特能够为团队提供一个拥有更广泛资源和获得内部支持的环境，这意味着我将不再感到自己总是在单打独斗、自己是整个团队中唯一的失败者，并因此而承受巨大的压力。

为梅耶尔工作每天都像是在尝试以冲刺的速度跑完马拉松，我发现自己工作的那股兴奋劲儿正在消退。我曾尝试与她一起负责几个项目，以便提升工作节奏和效率，使我们能够更高效地工作，而不仅仅是更努力地工作。但事实上，梅耶尔是那种不需要睡眠或从外部获取能量就能表现出职业能力的超人。她并没有否定自己的生活方式，而我需要改变。

我的个人生活变得越来越糟，我深知自己需要一种可持续的节奏，为自己带来难得一见的项目和提升影响力的机会。这只有通过这次职业生涯的转变和再次加入一个团队才能实现。

我不想因为害怕让别人失望而退缩，我要为自己选择正确的晋升机会，这是一个值得的冒险。我不想因为自己不愿意冒险学习核心技能以及积累公司其他方面专业知识，而在项目分配和晋升中被忽视。

我知道自己需要一个坚实的成长计划，并从关键的利益相关者那里获得支持和帮助。我知道这个新职位将让我有机会参与到以前无法接触的项目中。这不是一个被动的决定，我邀请了那些我非常重视的人来出谋划策，我选择冒这个风险，因为这样做是值得的。我觉得这是在谷歌得到晋升和关注的最佳途径。为了实现这个目标，我必须适应长时间的不舒服。

事实上，我在之前的职业选择上也曾让贝佐斯失望过。我离开亚马逊几年后，一位前同事和贝佐斯一起去加州参加一个会议，在这位前同事工作结束后我们聚了聚。我很高兴见到他，从他口中得知了我那些在亚马逊结识的朋友的近况，以及公司是如何蓬勃发展的。他告诉我，贝佐斯听说我放弃攻读博士学位而去他认为是竞争对手的谷歌工作很不高兴。一开始我很困惑，贝佐斯居然在谈论我，或者说在想我，但后来我真的很难过。直到今天，想到他可能在某种程度上将我的职业决定个人化了，以至于让他觉得这是对他以及我们在亚马逊和 A9 共同建立的团队的一种轻视，我的内心就备受煎熬。

贝佐斯和梅耶尔这样的领导者的共同点是：他们的工作和他们个人

是一回事，他们是由他们所做的事情和追随他们的人来定义的。这就是为什么他们能够在所做的事情上取得惊人的成就。我认为他们是我职业生涯中不可或缺的一部分，尽管他们有时可能会有被背叛的感觉。

我必须积极地制订一个计划，通过有目标的成长来重拾自信，而不是让自己沉浸在让我尊敬的人失望的痛苦中。这次职业转变不仅仅是在这一点上迫使我学会适应不安和不适。

参与到公司的关键增长战略中

在我职业生涯的这个转变期，我得以摆脱对现有的职位或工作方法的固有期待。我不再局限于和同龄人比较，而是将目光投向了更具成长潜力和影响力的机会上。

在为施密特工作的第一季度，我为自己设定了两个非常重要的目标。一是让所有的高级副总裁和董事会成员了解我并信任我，二是要从内到外地了解公司的核心增长战略。

我知道，如果自己想在谷歌的高管层中发挥出我所期望的影响力，我就需要找到一种方式，与比我级别高的人合作，获得他们的信任和尊重。我花了一段时间才弄清楚如何实现这些目标的第一阶段。

每周一，施密特都会与谷歌的创始人和高级副总裁召开高级员工会议。每次会议的申请和材料需在前一周的周五提交，以便最终确定会议议程。这会让人们有充足的时间在周末审查材料并做好准备。所有提交的材料都会汇总成一个文件包。不可避免的是，这些材料大多是在周末提交的，而不是在周五，因为需要报告的信息量越来越大，而且一些财务报告在周末之前无法分析完成。在这个问题上，我看到了一个机会，它既可以实现自己的个人目标，又能为公司最资深的成员贡献一些有价值的东西。

这些文件包是由项目经理雅艾尔统筹的，我在产品团队时曾和她一起工作过。我主动要求每周帮她找齐缺失的提交材料，并在周一早上之前整理好最终的文件包，这意味着我每个周末都要工作。

虽然我不喜欢周末工作，但我确实重视与高级副总裁和他们的团队保持定期联系。我们一起努力工作，并建立了非常重要的关系。我开始了解公司的每个部门都在做什么，在哪些方面进展顺利，在哪些领域遇到了困难，以及公司在哪些方面投入资源来实现战略增长。

在公司关键发展期，参与重点项目让我有了前所未有的机会了解公司的内部运作。仔细研究每一份报告也有助于我履行其他职责，因为这些信息有助于我提出建议，并提供有效的反馈和指导。我开始看到各种趋势，知道什么时候团队或产品发布即将成功，什么时候需要特别关注以避免潜在问题的发生。

为了做到这一点，我不得不提出很多问题，这暴露了我对公司几个关键领域的了解不足。我非常讨厌问愚蠢的问题，但我知道别无他法。我不可能假装自己什么都知道的同时还能实现更大的目标。我必须让公司里最有影响力的人看到我在填补知识空白时的不自在。我在读博的时候就体会过这种感觉，当时我经常觉得自己在专家眼中就是一个稚嫩的新手。这是一次理智的冒险。

出乎我的意料，这种令人不安的风险并没有随着时间的流逝而结束。这可能就是我在谷歌待了 12 年的原因。我在公司很早就养成了主动承担超出自己核心技能和工作职责的事情的习惯。随着我在工作中越来越得心应手，这一习惯深深刻入了我的基因里。

在为施密特工作的将近 10 年里，我越来越多地致力于在战略和细节方面做出贡献。为了实现自己更远大的抱负，以及如果不想被累死，我必须创造性地简化流程，委派任务，引入新的合作伙伴和做事方法，这样我就可以腾出时间专注于新的挑战。我们花了一些时间才适应，在适应的过程中也有一些尴尬的时刻。

事实上，不管你的资历有多高，经验有多丰富，承担风险时的自我怀疑永远不会完全消失。如果你正在学习和成长，你每天都会经历这种不适。我们永远不要在自己的舒适区待太久。所有有成就的领导者都付出了艰苦的努力来建立信心、提升技能，同时我还学会了如何承担适当的风险来推动自己和他们的新想法向前发展。

这为企业家们所谓的“登月计划”（moonshot projects）[①] 奠定了基础。所有大型开拓性科技公司的创始人都是这样创造自己的愿景的。这是以一种面向未来、回溯现在的方式来应对挑战。

从本质上讲，“登月计划”是一个非常崇高和复杂的项目，在这个过程中难免会遭遇失败。在开始“登月计划”之前，你必须学会做出正确的选择，不要害怕失败，要学会创造性地利用你的资源，并运用你的

① 登月计划是一个在技术领域有探索性和开创性的项目，其进行时没有近期的盈利或好处的保证，也许甚至没有对潜在风险和好处进行全面调查。——译者注

所学开拓一条更坚实的前进道路。硅谷的风险投资家通常更愿意投资那些在过去多次经历失败的创业者，因为没有这些经历，创业者就容易缺乏智慧、信心和其他准备，无法在“登月计划”中取得成功。对于这些专业投资者来说，过去的失败并不算不利因素，而是未来成功的重要预测指标。那些经历过失败的人已经培养了必要的韧性，这种韧性使他们能够在追求巨大影响的道路上更加坚定和从容。

我们不应该以同样的方式看待自己吗？当我们通过建立一些超越自己的东西来为更多的人服务时，“登月计划”就出现了。创造一些比自身存在更长久的东西，这是一个令人兴奋的想法！固守在舒适区可能是更安全、风险更小的选择，但实际上，这本身就是一种失败，这代表着我们未能发挥自己的潜力，未能体验到原本可以获得的快乐和学习机会。

任何有意义的成功都是在选择正确的方向、尝试、失败、调整，以及再尝试的循环中获得的。在学习的早期阶段我们不可能面面俱到。我们生活在一个被过滤的社交媒体世界里，这些媒体只强调成功的或虚构的完美。过度消费这种扭曲的人生观，会削弱我们的决心，使我们失去动力。越来越多的人，尤其是年轻人，害怕尝试新事物，因为他们知道自己不可能在第一次就做到完美，而他们所看到的完美，正是来自那些他们钦佩并希望给其留下深刻印象的人。

如果你希望完成任何有价值或有影响力的事情，完美就不能成为目标。经历、学习、成长和做困难事情的乐趣应该既是目标也是奖励。只有不断重复，我们才能学习、提高，并获得成功。

大卫·贝尔斯（David Bayles）和特德·奥兰德（Ted Orland）在《艺

术与恐惧》（*Art & Fear*）一书中讲述的一个故事完美地诠释了通过重复来提高自己的原则。佛罗里达大学摄影课开课时，杰瑞·尤斯曼（Jerry Uelsmann）教授将学生分成两组。第一组被告知，教授将根据学生在课堂上提交的照片数量进行评分；第二组被告知，教授将根据学生最后一天上交的一张照片进行评分。学期结束时，尤斯曼教授惊奇地发现，所有的高分都来自注重数量的那一组。事实证明，随着时间的推移，量变会引起质变。那些专注于完美的人永远不会实现质变，因为他们被一路上必要的“失败”所束缚。而这些失败是掌握一项技能的基本要素，你不能跳过这个步骤。**允许自己失败是获得成功的关键因素之一。**

自我进阶指南

BET ON Yourself

审视自我

你是否处于职业瓶颈期？有没有办法把你的经验教训变成你最大的财富？在你前方的视野中，有什么机会在等着你，让你可以集中注意力，从而克服眼前的困难，看到更广阔的天地？你是否有机会参与幕后领导，打破现状，直抵企业发展的战略高地？尝试和失败的关系是什么？你是否有意逃避那些自己不能完美完成的任务，从而导致自己的潜能受到限制？你每天有多少时间是在舒适区度过的，超过80% 了吗？

把握机会

从长远来看，为了提高自己的能力和成功的概率，你能给自己带来什么样的新挑战来减少待在舒适区的时间？

拥抱挑战

现在就发挥你的能力，做出能给你带来最有意义的结果的转变。

BET
ON
yourself

第4章

放眼未来，做长期主义者

真正决定工作差异的不是工作内容，

而是你如何看待自己的工作。

个人的能力确实存在局限，仅凭自己的力量所取得的成就也是有限的。如果只是孤注一掷地相信自己，可能会让我们在眼前的道路上止步不前。因此，我们需要谨慎地选择合作伙伴和项目，投资那些有潜力的人和事。为了在世界上留下独特的印记，创造连锁效应是关键。这需要我们积极支持和帮助身边的人，同时通过周围人的支持，共同扩大影响范围。这不仅有助于个人成长，还能引起更大的效应。

在我所观察到的职业发展方式中，最持续、最稳定的方式就是大家朝着一个共同的目标前进。**我会选择能获得知名度和晋升机会的新项目，以及能够为上司解决关键问题的项目，这些项目可以帮助他们实现最重要的战略目标。**将上级的任务清单上的事项纳入自己的任务清单，既可以让你学习一项新技能，还能在公司内部建立战略联系，实现双赢的同时也为未来职业发展打下更坚实的基础。

在亚马逊工作早期，当我第一次尝试争取加薪时，我犯了一个新手常犯的错误。微软未经我主动申请向我抛来了橄榄枝，提供了一个为高管工作的机会。虽然我对微软提供的这份工作并无太大兴趣，但我被他们开出的高薪所吸引，面对微软的诱人报价，我犹豫了。我热爱亚马逊，也深知自己乐于为贝佐斯服务。于是，我鼓起勇气找到贝佐斯，坦言自己并不想离开亚马逊，并询问能否获得像微软提供的一样的薪资。如果仅仅说贝佐斯对我的做法不满意，那真的是太过轻描淡写了。

我后来发现，当初犯下的错误关键在于我过于关注薪资，而忽视了值得加薪的原因。当时我在亚马逊所从事的是极具创新性和变革性的工作，考虑其他的薪资报价似乎对公司不忠诚，而且我还趁这时候提出了加薪的要求，却未提供任何交换条件，也没有列出我能为亚马逊做出的额外贡献。

自那次之后，每次请求加薪前，我都会提前与直属领导进行沟通。我会告诉直属领导，希望自己在 6 个月内能够被考虑晋升，并给直属领导提供一份可衡量的清单，列出自己做出的里程碑式的贡献，证明我有资格晋升，同时也能推动团队的使命和直属领导的关键成果的实现。这样一来，当做出晋升决定时，我们都是基于共同的绩效和目标而努力。

很幸运，贝佐斯原谅了我第一次谈加薪的幼稚尝试。此后，我再未犯过同样的错误。在不断的成长过程中，我总结出了 3 个职业晋升的关键方法：

职业生涯中的关键投资

BET ON *Yourself*

- 积极参与重要项目并担责。
- 建立清晰的反馈循环。
- 将工作与使命联系起来。

边做边学，先赢得入场券

在亚马逊创业初期，我们面临着前所未有的挑战，需要高度相信自己能提出正确问题并能找到解决方案。因为受董事会、投资者和股东的监督，一切都至关重要。为了持续经营，我们必须比竞争对手更快、更好地创造电子商务的未来。

在这样的环境下，我曾考虑过放弃，认为自己的初级技能无法攻克这巨大的挑战。但当我环顾四周时，我看到了公司各个层级的人员都在为公司的成功做出贡献，于是我问自己："为什么我就不能产生影响力呢？"

对合适的人施加适度的压力能创造出独一无二的创新奇迹。在数字转型早期，应对挑战的人成为互联网泡沫时代的传奇。那是一个极端的时代，要么创新，要么被淘汰。

正是在这样的环境下，贝佐斯听到员工格雷格·格里利（Greg Greeley）提出的一个想法，最终创造了亚马逊 Prime。贝佐斯意识到，仍在起步阶段的"超级免费送货服务"服务的是那些时间相对充裕的顾客，而亚马逊 Prime 则为那些更注重时效、愿意多付费的顾客提供服务。这样双管齐下，几乎所有的顾客需求都能够得到满足，由此建立起一套顾客忠诚体系，让亚马逊成为顾客满足日常需求的首选零售商。这是前所未有的数字时代订阅模式。

亚马逊当时正面临多方竞争的激烈局面，由此催生创立亚马逊 Prime 的想法。2004 年，美国知名玩具零售商玩具反斗城（Toys "R" Us）

对亚马逊提起诉讼，指责其违反在网站上独家销售玩具的协议。在节假日等销售旺季，亚马逊压力巨大，除了网站频繁出现故障外，实体店也施加了不小的压力，这些实体店的年增长率仍高达 17%。当时，亚马逊市值为 180 亿美元，而竞争对手 eBay 的市值则高达 330 亿美元。亚马逊面临着庞大的竞争对手，前进的道路充满未知。然而贝佐斯面对眼前的问题并没有选择退缩，而是聚焦于长期目标，专注于让公司更有竞争力，更有利于客户。

一个周六的上午，高管团队在贝佐斯的船屋头脑风暴后提出亚马逊 Prime 构想，4 周后的年度财报电话会议上贝佐斯宣布了这个构想。那时，我们团队正在为生存而战，平均每周工作 110 至 120 个小时。

全力以赴的工作态度

尽管我们面临着重重困难和挑战，需要从头开始完成甚至创造许多东西，工作环境充满压力，但一股势不可挡的、令人激动的能量正引领着我们前进。在 CEO 办公室，作为年轻员工的我，感受到亚马逊的未来就像是一辆全速行驶的过山车的前排车厢，而贝佐斯和我们整个团队则疯狂地探出身子，在我们前方修建着轨道。这种紧张刺激的工作氛围，要求我们每一位成员，无论职位高低，都必须建立起深厚的信任和尊重。

在职业生涯的早期，**我或许还不具备领导任何重大战略计划所需的技能，但我足够聪明，能够随时协助关键人物完成他们可能委托给我的任何事情，这样就不会分散他们创造奇迹的精力。**我学会了如何管理“作战室”（科技公司把会议室称为“作战室”）。“作战室”里面的团队昼夜不停地工作，为的是完成一个时间紧迫的项目。这项技能后来为我在谷歌工作时起到了至关重要的作用，我学会了预测上级的需求，并在他们提出要求之前就提供给他们。

我不在乎在会议室里的任务是否光鲜亮丽，我愿意撸起袖子做任何事情。这可能包括实习生级别的任务，比如午夜订餐、基本的研究任务，或者与后勤部门合作，确保办公大楼在夜间或周末不会自动断电或停暖。我不介意做这些琐碎的工作！对我来说，最重要的是能帮上忙，这让我有机会进入那间神奇的房间。在那之后，我经常能够看到贝佐斯和高级副总裁们在“作战室”工作，这样的经历在我的职业生涯中无数次被证明是无价的。

2005 年，当贝佐斯首次向董事会提出亚马逊 Prime 构想时，董事会表示怀疑：在公司不破产的情况下，如何以每人每年 79 美元的价格，为 100 多万种库存商品提供无限制的次日送达服务？如果顾客订购一把 3 美元的牙刷并享受免费次日送达服务，公司将难以盈利。这必须有更多的解决之道。

贝佐斯绝非局限于眼前季度或短期的业绩之人。他以未来数十年的增长为目标，专注于打造持久的商业。他不为眼前的股东满意度所左右，而是坚持追求长期主义的战略。他致力于在客户周围构筑一道坚实的战略护城河，他愿意牺牲短期内的微小成果，以换取未来的主导地位。然而，投资者的动机与贝佐斯的长远视角并不完全一致。互联网经济的泡沫破灭时，许多投资者遭受了巨大的损失。

亚马逊 Prime 提案最初的关键在于运输成本和供应链优化。在一次关键的董事会会议上，贝佐斯用精心算出的数据向董事会陈述，他把所有的白板都写满了，透过 15 层会议室的落地窗，西雅图的天际线就在他的身后。他准确地展示了与船运公司谈判的价格，以推动这项服务的实施。因为空运包裹的成本是陆运的 10 倍，负责运营的高级副总裁杰夫·威尔克（Jeff Wilke）将注意力集中在供应链系统上，确保在订单执行中尽量避免空运。董事会给了贝佐斯很短的时间来完成这一切。

在这有限的“绿灯”下，贝佐斯开始进行一项前无古人的交易谈判。他的第一次努力遭到了联邦快递的拒绝。他们认为他的条件太过疯狂，没有其他运输合作伙伴会接受他的这些条件。于是，贝佐斯采取了大胆的措施，将所有亚马逊订单从联邦快递转移到另一家物流公司，亚马逊为此付出了巨大的短期代价以向联邦快递证明，如果不按照贝佐斯的条件谈判，联邦快递将会失去许多业务。这是一个大胆的决策！如果联邦快递识别出了贝佐斯的虚张声势，亚马逊很可能就无法生存。贝佐斯知道，推进战略最有力的方式就是将亚马逊和联邦快递的命运紧密地捆绑在一起。

贝佐斯的这一策略最终得到了回报，他成功获得了 Prime 计划所需的条件，使 Prime 得以持续发展并盈利。在 Prime 推出后不久，我们就看到 Prime 会员在亚马逊网站上花费的时间和金钱都超过了其他客户，这意味着亚马逊的长期客户忠诚度开始形成。

履行中心协议减少了订货过程中的低效问题，提高了运输速度，同时降低了总运输成本。团队为协调订单执行而开发的软件具有革命性意义，产生了显著效果。任何竞争对手都无法像这款专有软件这样高效地完成订单。这一突破让亚马逊得以推出“一键送货”服务并获得专利，为用户提供即时、高度准确的送货服务。

如今，我们可能认为这些顺畅的系统理所当然，但在此之前，从未有过如此出色的用户体验。这一创新突破是在非常紧迫的时间压力下实现的。这个创造历史的项目之所以能够实现，是因为贝佐斯对团队和项目愿景有着完全的信任，而团队也完全信任他这个领导者。为了实现这个梦想，需要公司每个层级的共同努力，而不仅仅是高层。

坚持无休止的创新循环

我曾加入梅耶尔领导的产品团队，与她共同经历了创造今日谷歌的艰辛历程。在那段时间，我们同样深陷于项目启动和“作战室”的循环之中。梅耶尔经常需要引导团队集中精力、调整方向，并付出不懈的努力。这对我们所有人来说既是一段充满压力的时光，也是一段令人振奋的时光。我们整个团队的成员都很年轻，我们都尽最大努力，试图在推出产品方面超越竞争对手，做得更大、更好、更快。那时的谷歌还未成为全球普遍使用的搜索引擎，我们面临着巨大的压力和挑战。

2008 年是非常令人难忘的一年，对于谷歌和我个人来说，随时都充满着挑战和机遇。那一年，我们接连发布了几个主要产品，彼此之间只相隔了几个月，这要求我们团队付出巨大的努力。我主要投入负责 iGoogle 主页功能和谷歌地图交通应用的团队中。最初，同时进行多个冲刺项目让我们倍感压力，让“作战室”的工作变得相当棘手。然而，随着时间的推移，我们逐渐适应了这种高强度的工作节奏，甚至将其视为日常工作的一部分。

在谷歌的工作中，我运用了在亚马逊积累的“作战室”经验，建立了一个里程碑式仪表板，对所有行动项目按照优先级进行排序。这让整个团队能够清晰地看到每个项目的进展和关键节点，确保所有工作都按照计划进行。这样，梅耶尔和整个团队就能够更有效地利用时间、精力和资源。作为团队之间的沟通者，我努力协调法律、工程、用户体验/用户界面设计，以及与合作团队之间的沟通和协作。通过团队共同协作，我们打造了对所有人来说都是全新的产品，我在其中担任的关键角色使我们能够以冲刺的速度完成马拉松式的交付清单。在这种高强度的工作环境中，我们既疲惫又兴奋。

iGoogle 是谷歌主页的个性化版本，允许用户添加小工具，方便用户在一个地方清晰地查看他们最常用的应用程序，并选择各种产品。例如，用户可以预览谷歌邮箱、聊天记录、新闻等内容，通过访问谷歌主页就可以一站式获取每天使用的所有东西。请记住，这发生在智能手机应用程序提供信息整合服务之前。

iGoogle 于 2005 年首次推出，真正的发展却在大约 3 年后才开始。2008 年 4 月，我们迎来了一个关键的机遇。谷歌与 70 位艺术家携手——包括黛安・冯芙丝汀宝、托里・伯奇（Tory Burch）、马克・埃科（Marc Ecko）、杰夫・昆斯（Jeff Koons）、奥斯卡・德拉伦塔（Oscar de la Renta），甚至还有酷玩乐队（Coldplay），推出了设计师主页背景，致力于让 iGoogle 主页更个性化、更美观。我们追求的目标是提高用户的忠诚度，鼓励他们将谷歌设置为默认主页，这在当时并非必然之举。当时，雅虎刚刚结束与微软网络服务的独家合作，这给了我们吸引新用户的宝贵机会。这些产品的发布对公司未来的发展至关重要，我们深知如果错过可能再也没有这样的机会了，我们必须做得出色且迅速。

梅耶尔在设计方面有着惊人的眼光，这不仅体现在她对简洁的谷歌主页管理上，还体现在她的个人风格中。她与多名时尚设计师保持密切联系，为这些前所未有的合作做好了铺垫。我花费了大量的时间和精力，策划并组织这次前所未有的合作，合作成员包括来自不同团队的工程师、设计师、产品开发人员以及公司各部门的其他人员等。我必须成为各个分散团队之间的纽带，这些团队对发布会的成功举办至关重要。

当时整个团队平均每天工作 15 小时，只为完成这次发布会。我当时住在伯克利，早上 7 点搭乘公司的第一班班车上班，晚上 9 点半搭乘最后一班班车回家。我经常会错过一天中的最后一班车，所以需要借用谷歌车队的车。如果你乘坐班车上班，就可以使用谷歌车队的车去看医生或去做其他事情。我们经常星期六到办公室加班，或者至少在家里用笔记本电脑工作，这样做只是为了保证工作的正常运转。

在此期间，山景城对谷歌总部实施了严格的规定，因为许多员工选择全天候住在办公室。他们认为，为从未使用过的公寓支付高额租金是没有必要的。我们公司的健身房有淋浴间，每栋楼都有洗衣设施，再加上科技园里的免费食物，员工们不需要再回家了。我们不得不明文规定员工不能在办公室睡觉。为了确保团队成员遵守规定，我不得不将办公室角落里供一对一谈话用的红色大沙发搬到走廊上，可即便如此，偶尔还是有人在上面睡觉。

2008 年 4 月的一个夜晚，iGoogle 合作伙伴发布会在曼哈顿肉库区（Meatpacking District of Manhattan）户外举行，距离谷歌纽约办公室只有几个街区。我坐在前排，手里拿着梅耶尔演讲稿的定稿，庆幸自己坐在了伯奇和冯芙丝汀宝中间，她们是我非常敬佩的两位白手起家的女企业家。肉库区老式砖砌建筑在LED灯的投射下熠熠生辉，设计师们的iGoogle标志性造型在光影中活灵活现，美国新旧工业的交相辉映令人激动又难忘。

媒体对我们的报道非常精彩，发布会的成功举办让我们感到非常欣慰。我们在纽约的星空下庆祝，仿佛赢下了世界级的技术界大赛。

然而，我们未曾预料到，在iGoogle推出短短几个月之后，苹果公司在同年7月推出了首个应用商店，与我们有着类似的用户互动愿景。苹果应用商店提供500款应用程序，引导消费者行为迈向全新的方向。在苹果的应用商店推出后不久，我们在2008年10月发布了安卓应用商店，即现在的谷歌应用程序商店的前身，这让谷歌的用户交互重心从iGoogle转移到新的平台上。

我们当时并未察觉到社交网络运动即将席卷互联网，iGoogle的市场地位将受到挑战。然而，这是一个转折点，又是新一轮的冲刺。这正是科技工作的迷人之处：创新永不停歇。你必须持续设计，并愿意舍弃之前全身心投入的产品，以便为日后做好准备。

在iGoogle发布仅仅几个月后，2008年9月，我们再次回到纽约，在中央火车站举办了一场活动。我们的创始人拉里·佩奇和谢尔盖·布林（Sergey Brin）站在麦克风前发布了谷歌地图的交通功能。现在，我们理所当然地用手机上的谷歌地图实时导航，通过步行、骑自行车、乘公交车或开车到达世界上任何一个地方。然而，在当时，这个即将诞生的交通功能令人难以置信。

发布前的准备工作非常漫长，而且需要具备远见卓识。在推出谷歌街景地图服务的两年内，我们需要收集地球上每条街道的照片。这项任务在谷歌内部似乎是不可能完成的，并受到了一些质疑。我们不仅需要驾驶装有专用摄像头和全球定位系统的汽车穿越每一条街道，还需要定期回访并记录更新情况。

完成这项任务需要与政府合作，考虑隐私问题，还需要投入大量人力和资源进行协调管理和复杂的数据处理工作，但这并未让佩奇和布林退缩。为用户提供更多服务的机会，让他们能够探索社区或远方的景点，这样的机会对于用户体验很重要，我们不能因为需要进行大量工作而动摇。最终，这一功能将扩展到乞力马扎罗山和国际空间站等普通人遥不可及的领域。

虽然谷歌街景地图的发布本身是一个史无前例的大型活动，需要近 6 个月的时间来策划和获得许可，但从复杂程度上看，相对于公司为创造和交付这一革命性产品所做的其他工作而言，这场活动只是小菜一碟。

我依然清晰记得在纽约中央火车站外等待布林的情景。我正等着一辆车停下来，希望能看到他的身影，而他却独自一人滑着轮滑过来了，脸上洋溢着灿烂的笑容。我们进入会场到达通往舞台的楼梯，他脱下轮滑鞋准备上台发表演讲，这时我们才意识到布林没有带其他鞋子。到底是让他穿着轮滑鞋还是穿着袜子上台演讲，我们争论了一会儿，最终，他决定只穿袜子，在当时似乎也没有人注意到这一点。

建立可持续的工作节奏

我在谷歌的第一张办公桌和佩奇、布林的共享办公室相隔不到5米，通过空中走廊步行3分钟就能够轻松到达隔壁大楼的CEO办公室。我与这些鼓舞人心的高管的对话、深夜的战略讨论和代码审查，提高了我在谷歌的整个职业生涯中的项目管理能力，并延续到我后来的高管咨询工作中。如果我埋头于无休止的待办事项清单而不是提出问题，就容易错过学习机会。因此，利用原本无聊或“轻松”的任务，远比应对“作战室”和紧急情况更能影响职业生涯的成败。

在为旧金山耐克女子半程马拉松备战的过程中，我意外获得了一个关于如何逐步实现挑战性目标的经验。我并非出色或天生的跑步者。2012年，我决定挑战自己，参加半程马拉松比赛，当时我甚至还没跑过5公里。这看似疯狂的决定始于一天晚上我收到同事的工作邮件，邮件的自动签名里有个捐款链接，这位同事通过参加半程马拉松为白血病研究筹集资金。我点击了链接并捐了款。随后，我报名参加了比赛，决定也为筹款出一份力。我不是一个冲动的人，所以这对我来说是不同寻常的挑战。

我并没有因为自身经验不足和对跑步的厌恶而退缩，而是采用最笨的方法为自己制订了一个训练计划。我在谷歌主页搜索“如何进行半程马拉松训练”并打印训练计划后，便开始了训练。我的首次半程马拉松是在圣迭戈跑的，赛道平坦。尽管训练辛苦，但工作之外的成就感和力量感让我愉悦。随后，我又报名参加了6个月后在旧金山举办的马拉松比赛。

耐克女子半程马拉松在旧金山一个多丘陵的地方举办，因此我意识到自己必须进行充分的山地训练。我在网上看到的所有有关山地训练的方法中都建议做一系列山地冲刺，先跑上坡，然后一边喘气一边走回起点重新开始。结果证明，这种方法在某些情况下是高效的，但在一些情况下也可能是灾难性的。虽然锻炼了腘绳肌，让我在比赛当天能跑上许多陡坡，但未考虑到对腿前部的股四头肌的锻炼，只有这些肌肉足够强壮，才能应对下坡路段的冲击。比赛后，股四头肌的酸痛让我几乎一周都难以顺利地在缓坡上行走。我不得不转身换个方向走！

在职业生涯中，我曾因未专注培养眼前工作中的技能或特长，将其视为简单而乏味的事务，而在完成看似简单的任务时成绩不佳，这让我深感震惊。我意识到，若只专注于困难战斗，将难以获得足够的平衡感，难以长久地留在团队中。同样，若我们只在自己的舒适区内训练，专攻下坡，将无法为不可避免的关键上坡战斗做好准备。

反馈要具体，不能仅仅是一句“干得好”

刚刚加入谷歌时，公司要求我为自己设定一份目标清单，并在第一季度末进行评估。谷歌采用一种名为 OKRs 的系统，即目标与关键成果系统。在亚马逊工作时，我对这一系统了解有限，约翰·杜尔（John Doerr）曾是亚马逊和谷歌的董事会成员，他向创始人介绍过这一方法。随后，他撰写了一本关于目标设定、任务执行和战略实现的著作——《OKR：做最重要的事》（*Measure What Matters*）。

OKRs 是一个以季度为时间框架的策略，它涵盖了一系列大胆的目标成果。当它被正确地运用时，它便成为领导层手中的指南针，指引公司朝着明确的方向前进，为公司描绘出未来 3 到 5 个关键的发展领域，然后每个员工和管理者在此框架内设定自己的大胆目标和可交付成果。无论是初入职场的新员工，还是经验丰富的资深员工，都能在这个体系中找到自己的位置，都可以感受到自己对公司成功产生的影响力。

第一个季度结束时，我对自己的成就感到非常自豪。我从对公司一无所知的菜鸟到成为团队的核心人物，觉得自己完成了不可能完成的任务，而且我为自己写的 OKRs 也都扎扎实实地完成了。而事实却是，这正是我的问题所在。

梅耶尔并未对我准备的这份亮眼的成绩单感到满意，而是对我失望透顶。她指出，我一直关注的是任务而非实际关键成果。事实证明，我所谓的“完美表现”只是显示出我设定的目标不够高，没有以有意义的方式挑战自己。她对完美并不感兴趣，她期望我在追求公司宏伟目标的过程中，为实现关键成果而努力，在岗位上取得突破。

尽管我在亚马逊工作期间曾使用过目标设定系统，但当我在谷歌制定自己的第一季度 OKRs 时，我未将提升个人或团队的影响力设定为首要目标。当初我加入团队时，未经过培训与交叉交流，感到非常不知所措，因此仅停留在完成日常任务上，未尝试任何实际的飞跃，而这正是公司在那个成长阶段最需要我做的事。

我设定的第一季度 OKRs 主要关注任务和系统。设定的目标之一“创建一个简化媒体和演讲请求的系统，并清理积压的工作”，尽管总结了一项需要关注的重要任务，但缺乏雄心壮志。我忽略了将视线从日常任务转移到公司及我在其中可能扮演的角色这一更广阔的视角。

梅耶尔对我的失望反馈是我职业生涯中的一个转折点。她明确表示允许我制定超越当前能力范围的目标，并允许我偶尔失败。若目标超出舒适区，不在我的专业领域内，即使只完成了设定目标的 50% 或 80%，我也能得到奖励。这种挑战和尝试会让公司更接近实现宏伟使命和目标，这让我感到非常自由。

我意识到，**当我仅关注任务时，只是在解决当下已存在的问题。相反，我需要采取面向未来的方法，想象公司和用户未来数年的需求，并在需求到来之前就着手解决。**这改变了我在战略机制方面的精力投入。我意识到自己需要集中精力思考谷歌的使命以及我在实现这一使命中所扮演的角色，而不是仅仅专注于为运营系统绘制完美的蓝图。这个过程通常被称为北极星对齐（North Star alignment）①。

谷歌的使命是组织全球信息，让其普遍可用和有用。我们产品团队的任务是创建工具，将信息传递给全球用户。梅耶尔的工作是寻找新想法、设计系统、制作最先进的代码，并以易于访问的方式发布。我终于认识到，将梅耶尔的交付成果与我的工作任务直接挂钩，才是我能发挥最大影响力的方式。

后来，我将第二季度的 OKRs 目标设定得更加远大，并与公司的使命和愿景保持一致。在该季度我设定的其中一个目标是“成为产品团队的核心资源，以简化核心产品的头脑风暴、设计、编码和发布流程”。这对于我这个在产品团队中资历最浅的人来说，是一个相当大胆的目

① 北极星对齐是指在导航或定位时使用北极星的位置来确定方向。北极星是北半球天空中最明亮的恒星，位于天空中北极点的附近，因此可以作为指南针来帮助人们确定北方方向。——译者注

标。然而，当梅耶尔签字同意这个目标的设定时，我感到这既是允许，也是授权，我可以为完成这个目标做任何必要的事情。这给了我精神上的支持，让我从那永远也做不完的任务清单中抽身，到这些事情发生的会议室里去坐一坐，这样我就可以观察当前的系统，提出建议，并采取行动，让它们更有效、更精简、更连贯。这样做的确很有效！

这是一种微妙的心理转变，效果却非常显著。我不仅实现了自己的个人目标，学会了如何进行代码审查，理解了用户体验 / 用户界面设计师和工程师之间的协作问题，还从沟通和政策方面了解了发布活动的复杂性，在这个过程中我成为团队的重要资源。在会议上，我不得不忍受因不了解情况而出现的尴尬，自己在当时提出了许多“愚蠢”的问题，这些问题暴露了我对工作流程的无知，但这加快了我的学习速度，也提高了我做出实质性贡献的能力。这将我的职业发展与团队的成功紧密联系在一起，形成了一个良性循环，让我的学习能力和在公司的知名度同步大幅提升，而知名度几乎总能带来晋升。

梅耶尔一直激励我们追求冒险，并努力为团队和个人争取相应的报酬与晋升机会。让自己对团队和公司有价值，真正的解放来自不再受完美的期望所困扰，这是梅耶尔教给我的。她教导我在准备好之前就着手行动，注重学习而非追求完美的表现。

主动寻求反馈

OKRs 流程激发了我主动争取反馈的意愿，不再仅仅等待季度末的正式评估，而是定期从尽可能多的渠道寻求一致、诚实、具有挑战性的反馈。当我的队友们看到我在寻求这种反馈时，他们开始畅所欲言，分享他们对我自己尚未发现的优点的观察，并指出我日后需要改进的缺点。

早在加入谷歌的时候，我就意识到这种途径为我提供了主导职业生涯的机会。我可以决定自己想要学习和实现什么，而不是被动地接受命运的安排。例如，在 2008 年第二季度，我们的发布日程排得满满当当，工作节奏非常紧张，公关团队忙得不可开交，我主动帮忙，为他们分担一些工作。

2008 年 9 月，我们成功推出了谷歌浏览器，这对整个公司而言无疑是一项重大的工作。这项重要的工作发生在我们发布首款安卓手机的前两周。为了顺利推出谷歌浏览器，我们制作了一份长达 40 页的漫画，生动地解释了浏览器的工作原理，使其看起来既让人兴奋，又容易理解，而不是让用户感到困惑。在与 T-Mobile[①] 合作推出 HTC Dream 手机时，我们专注于向消费者传递开源软件的优势、一流的通知功能以及与谷歌产品深度整合的信息。

在这一过程中，我完全不知道自己在做什么。尽管我为团队做出了许多贡献，但远不及我从中学到的东西，这些经验教训让我受益匪浅。**主动参与超越我当前专业水平的任务，让我学到如何组织大型发布活动、向公众推广新技术或协调大规模内部合作。我不得不更加勇敢，多提问题，延长工作时间以填补我的经验和知识的不足，同时愿意向产品团队的资深成员展示我工作中的稚嫩一面。**

① T-Mobile 是一家跨国移动电话运营商，它是德国电信的子公司，是世界上最大的移动电话公司之一。——译者注

积极塑造未来的自己

当时我并未意识到，在接下来的许多年里也未意识到，在整个职业生涯中，通过设定具有挑战性的目标来尝试重塑自己是多么罕见。**硅谷给予我最大的礼物之一是“没有什么是不可改变或固定的，包括我自己”。**在与施密特共事时，以及在主导一系列涉及更具挑战性的新兴技术（如人工智能）的大型合作项目时，我都将这一经验应用到我的工作中。如果我不愿意与比我职位高得多的人一起共事，付出艰辛的努力，让每个人都看到我学习过程中的起伏，我将不可能实现这一点。

就像加州大学洛杉矶分校心理学家哈尔·赫什菲尔德（Hal Hershfield）所说的那样，去设想“未来的自己”，让“未来的自己”在我的掌控之中。如果不能预见这个不断发展的新自我，我就不可能深思熟虑、有的放矢地对待我所承担的风险、我所经历的成长和有意义的学习，我也将错失那些推动自己职业发展的晋升、项目和进步的机会。

我们常常会问，如果没有看到自我设计的未来身份可能带来的回报，为什么还要忍受艰苦的工作和偶尔的责难呢？大多数人当下的身份都源自过去的经历，但这并不意味着当下无法改变。事实上，**通过有目的地选择并接受一些微小的、渐进式的挑战，我们可以塑造自己的身份，成为理想中的自己。**

这个过程让我获得了惊人的优势，让我能够以一种我有资格为施密特工作的方式来提高技能，这种模式一直延续到现在。**我接手的项目是大多数与我同级别的人从未经历过的，这需要足够的勇气和决心。但只要让领导知道我的成长目标，以及这些目标对他的益处，便能自然而然**

地建立起行政赞助关系，这也是获得正式晋升的途径。

制订晋升计划

在一个人的职业生涯中，不会有一位领导者会主动直接关注下属的成长："安·希亚特，我注意到了你潜藏的能力，我正在考虑如何让你利用这种能力，扩大你的影响力。"这是不可能的，这种机会需要你自己去争取。当我成为领导者时，我非常乐意了解下属的成长目标，并为其提供支持。作为他们的领导，这让我的工作轻松了许多，也让我们有了共同的目标。

为了在工作中获得晋升，我会提前半年到一年与我的直属领导沟通，制订明确的计划。例如，当我想成为施密特的首席顾问时（公司当时还没有这个职位），我提交了一份自我评估，列举了目前的工作成果以及与该职位相匹配的技能。同时，我还罗列了一份需要提升的技能清单，并提出参与相关项目的建议。一旦我们达成共识，我便有了明确的晋升路径。这不仅仅关乎我个人的成长，更关乎我们共同的目标和愿景。之后我便开始付诸实践。

为了真正成为首席顾问，我需要在施密特缺席时与高管们开会，并有机会和权力代表他做出一些决策。因此，我提出了一项计划，每周与沟通和政策团队的负责人会面，讨论全球需求和关注点，并提出解决方案。通过这种方式，我深入了解了公司的需求，并给出了相应的战略建议。这个过程虽然充满挑战，却极大地提高了我的执行能力，并为公司和用户创造了最好的成果。这次大胆的尝试也让我收获了许多宝贵的专业技能和深厚的友谊。

我离开谷歌后，接触到了许多 CEO 和他们的客户，发现他们普遍对员工的晋升期望感到困惑。许多处于规模增长阶段的客户在晋升机会、预算等方面都受到限制。因为公司规模较小，工龄与自动晋升或加薪之间并无必然联系。为了解决这些问题，一些员工会采取积极有效的做法，然而，也有一些员工会采取消极态度应对。

在一家农业科技公司，我看到了年轻员工埃米的出色表现，她在公司巨大转型期间看到了公司的需求，并在承担核心职责的同时主动承担了另一个重要项目。因为这个项目必须完成，而其他人既没有足够的能力，也缺少跨部门合作的经验来承担这项任务。埃米向经理表达了自己的发展目标，并在公司高层还不确定能否生存这一关键时刻，毅然决然地投入了工作。埃米不仅提高了团队的效率，还增加了公司的利润。经过几个月的不懈努力，她赢得了一张金券，可以在公司里接手任何她想做的项目，因为她已经证明了自己的价值。

我还见过许多相反的例子。我的客户的员工要求加薪或晋升，却不考虑他们的贡献如何与公司的发展挂钩，也不考虑他们对更高职位的实际需求。他们只是抱着自动晋升的期望而来，却不对自己的贡献或公司当前的需求负责。我曾见过一位员工，她原本是公司一个重要新职位的目标人选，却因提出了一个与贡献不成比例的加薪要求错过了机会。因为她没有证明自己的价值或能力，也没有将自己的要求与具体的绩效目标联系起来。

大公司的优势在于晋升流程更为简化，但晋升流程的每一步往往又烦琐而缓慢。而在初创公司里，个人职业发展有着更为广阔的空间。公司的迅速发展可为员工的晋升提供更多的可能性。但与此同时，经济回报的延迟也是一大挑战。我曾目睹许多初创公司的员工，他们渴望成为公司中不可或缺的一员，并得到应有的认可。然而，他们往往忽略了在规划自己职业道路的同时，应具备领导者的思维方式。这种思维方式需要双方进行坦诚的对话，探讨如何实现共同的目标。

令人惊讶的是，我从未从我的 CEO 那里收到过正式的书面绩效评估，尽管这种情况或许并不罕见。在缺乏明确指导的情况下，我学会了敏锐地抓住每一个微小的机会，同时提出有针对性的问题，以获得关于如何提升自己的宝贵反馈。

这些反馈应当是直接、具体且可操作的。然而，许多员工尤其是表现出色的员工，在寻求这种反馈时往往会遇到困难。对于大多数管理者来说，提供这样的反馈同样是一项挑战。对于女性来说尤其如此，因为她们往往只能收到有关其行为而非其技能的反馈。因此，员工需要更加主动地寻求反馈，从经理和同事那里获得指导，以实现个人和公司的共同成长。

当我收到关于工作表现的模糊反馈时，我会将其转化为具体的指导原则。如果我听到的是一句简单的“干得好”，则会进一步询问具体的细节，以明确知道哪些行为值得保留。若我的表现有待提高，我会恳请对方提供具体的行动计划，以便下次自己能做得更好。我积极提出如何避免类似情况再次发生的改进方案，并明确提出我将为取得更好的结果而做出改变。这样，我就获得了一个经过协商同意的具体行动计划，我对此充满信心并愿意付诸实践。此外，我还会主动寻求所需的资源、培训，联系相关导师，为接下来的工作提供指导。这些支持并非自动获得，而是需要主动去争取。

大学时我有一位朋友，他非常聪明。他有一个习惯，每当新课程开始时，他会逐一拜访任课教授，明确表示希望在他们教授的课程上取得满分，并愿意付出一切努力。教授们对他的大胆期望感到惊讶，他每周都会准时出现，与教授们讨论如何提高成绩，并付诸实践。这不仅改变了教授们与他互动的方式，还加深了他们之间的了解。

他与教授们建立了共同的期望，消除了对成功标准和评分方式的误解。更为重要的是，所有的教授都知道他的名字和才华，当有研究项目或其他机会时会优先考虑他。当他准备申请进入研究生院时，这些教授自然会为他撰写详尽的推荐信。这一策略同样适用于职场环境。

坚守愿景，态度会决定一切

除了传统的晋升、奖金和加薪，保持工作激情对我而言尤为重要。尤其在职业生涯的早期，我们需要发挥更多的创造力和主动性，因为此时我们渴望的工作与实际能够胜任的工作之间往往存在较大的差距。然而，无论在哪个阶段，我们都可以主动出击，让自己在职场中占据主导地位，在工作中找到快乐和成就感。

确实，不是每家公司或每位管理者都能够提供与谷歌相似的支持性、创新性环境。在许多组织中，员工可能面临不同的挑战和限制，例如缺乏谦逊的态度、经验不足、缺乏相关培训，以及公司不鼓励员工做本职工作之外的事。有些领导出于恐惧，会压制下属，以防他们超越自己。即使在这种情况下，我们仍可以采取措施创造意义、实现成长并扩大影响力。即使在传统的工作环境或所谓的入门级或"无技能"岗位上，也是如此。

耶鲁大学的艾米·维泽尼夫斯基（Amy Wrzesniewski）教授研究的是人们如何通过改变自己对工作的心理认知，在困难的环境中赋予工作意义。她分析了工作者如何重新设计他们所做的具体工作，以更好地匹配个人优势和价值观，从而增强他们在工作中获得的意义感。研究显示，这些微小的行动会对我们的幸福感和工作效率产生巨大影响。

真正决定工作差异的因素，其实不是实际的工作内容，而是我们如何看待和体验自己的工作。维泽尼夫斯基教授将这些心态分为三类：将工作视为个人生计（只是谋生的手段）、一份事业（获得晋升和声望的方式）或一种使命（个人实现和做有价值事情的源泉）。这似乎是精英阶层的特权，但她的研究表明这种看法是错误的。

维泽尼夫斯基教授深入探究了医院清洁工对工作的不同认知，要求他们将自己归类为“熟练工”或“非熟练工”。她发现，那些认为自己的职责与病人的治疗过程紧密相连的清洁工，将自己视为“熟练工”。尽管他们的工作描述和被分配的任务与那些认为工作无足轻重、仅是谋生手段的人完全相同，但心态上的差异直接影响了他们的工作效率和对工作的满足感。这一研究揭示了一个重要的道理：态度决定一切。我们的工作不仅仅是为了生计或事业，而是一种使命。

当我们无法从事理想的工作时，心态和看待事情的视角成为我们增强复原力并茁壮成长的关键。就像 1666 年伦敦圣保罗大教堂被大火烧毁后，3 位砌砖工受命重建教堂的故事。这项工作由著名建筑师克里斯托弗·雷恩（Christopher Wren）领导，他注意到 3 位砌砖工对工作目的的认知大相径庭。第一位砌砖工仅将工作视为养家糊口的手段，因此他谨小慎微且进度缓慢。第二位砌砖工认为自己的工作是一份事业，将自己视为一名建筑工，正在砌一面墙，因此他比第一位砌砖工干得稍快一些。第三位砌砖工则将自己砌砖这份工作视为一种使命——为上帝建造大教堂，他的技术最为熟练，且速度最快。尽管3位砌砖工的工具相同、砖块重量相同、任务繁重程度相同，但他们对工作目的的认知决定了他们的生产效率、工作表现，更重要的是决定了他们对自己工作的自豪感。

这个故事告诉我们，**无论从事何种工作，我们都应将其视为一项神圣的使命。只有这样，我们才能在工作中找到真正的意义和满足感。**

绘制路线图

无论我们身在何处，起点如何，总有些可控的因素可以帮助我们在工作中更接近自己的使命和目标。如今回首职业生涯，我清晰地看到，当我主动追求自己的“使命”时，即使还没有实现，我在工作中也是极快乐的。

在职业生涯中，每当我感到工作停滞不前或缺乏挑战时，我就会为自己制作一张电子表格，用分析的方法进行反思，寻找自己能做出有意义的贡献的地方。在A列中，我列出了目前承担的每一项职业责任，从平凡到卓越。在B列中，我只保留那些能让自己早晨兴奋得从床上一跃而起的职责和项目。在C列中，我将B列中让我兴奋的事情一一写下来，再设想一下如果把它们放入我可以想象的未来一两年内的角色中，它们会是什么样的。基于这些发现，我制订了个人晋升计划，这个计划的基础是我希望自己所具备的素质、需要履行的职责和拥有的项目，它们让我逐步接近目标。这个表格中的有些发现让我惊讶，有些让我害怕，还有一些让我觉得自己早就应该行动了。下一步是找到一种方法，让自己从目前的角色投身到更高的使命中去。

通过这个分析，我绘制了一张路线图，它描绘了我与梦想工作之间的距离。这个看似微小的心理过程，却让我在工作中取得了超乎想象的进步和快乐。

当我在工作中把过多的时间花在“工作”任务上，而不是“使命”任务上时，我会感到很沮丧。然而，当我勇敢地采取更多措施为工作注入更多意义时，我获得了极大的快乐。维泽尼夫斯基教授建议我们先确定自己的动机、优势和激情是什么，再列出在当前岗位上可以承担的任务清单，以便在完成核心“工作”任务的同时，将重心转向“使命”任务。

识别机会

在谷歌工作的初期，我的核心职责之一是与那些备受赞誉的联席产品经理（APMs）紧密合作。梅耶尔是联席产品经理项目的创始人和管理者，这个项目对谷歌来说意义非凡。即使在初创期，谷歌也从不缺少优秀的应聘者。由于工作环境的独特性，谷歌需要一个特别的加速器项目来加速培养内部成长起来的领导者。这些领导者不仅是全球顶尖的工程师，而且知道如何在谷歌这样的环境中发挥最佳水平。

联席产品经理项目是一个绝佳的例证。它起源于梅耶尔和谷歌产品管理、营销高级副总裁乔纳森·罗森伯格（Jonathan Rosenberg）的一场约定。谷歌早期的迅猛发展让新员工很难快速适应公司复杂的系统并高效地工作。梅耶尔是公司中极少数能够在这个日益复杂的小团队和不断循环的发布周期中找到方向的人之一，而其他人都是各自为政，公司急需更多的帮助。于是，她与罗森伯格约定，她可以雇用刚从学校毕业的聪明人，并将他们培养成有影响力的产品经理，这比从社会上雇用经验更丰富、资历更老的人要快。事实证明，她的决定是对的。

联席产品经理项目每年都会吸引20位精英加入，他们将接受为期2年的轮岗培训。这些年轻人与经验丰富的经理搭档，从一开始就投入公司的核心项目中。更值得一提的是，2年后，他们将有机会在多个团队中轮岗，以深入了解公司和技术，并逐步接管公司的核心部门。这个计划为这些才华横溢的年轻工程师提供了一个成功所需的网络支持，帮助他们更好地展现自己的才华。

对于几乎所有加入联席产品经理项目的精英来说，谷歌是他们毕业后入职的第一家公司。他们年轻、聪明，来自世界上极好的大学。我决定让自己融入这个团队，并从我所管理的项目中取得收获。我非常喜欢与我的朋友兼办公室同事戴安娜合作，她负责管理这个项目。

每年，新一届的联席产品经理项目的精英成员都会进行一次环球旅行，访问谷歌最具战略意义的增长市场，了解谷歌用户的特殊需求，为未来的产品开发工作提供参考。参与这个项目的许多毕业生后来都成为谷歌主要产品部门的负责人。在谷歌的早期工作中，我有幸与一些出色的联席产品经理项目的毕业生共事。例如，梅耶尔第一年就委派布莱恩·拉克斯基（Brian Rakowski）负责管理所有谷歌邮箱，他现在是产品管理副总裁；布雷特·泰勒（Bret Taylor）是谷歌地图的联合创始人之一。其他毕业生也纷纷创办了自己的大公司。我意识到这是一个难得的机会，我可以创造自己的成长角色，同时帮助领导进行这种培训。

2007 年，在与最新一届联席产品经理项目的成员一起出访日本、中国、印度和以色列时，我收到了一份意外的邀请。西蒙・佩雷斯（Shimon Peres）的办公室给我发了一封电子邮件，询问梅耶尔是否可以在我们出访以色列特拉维夫期间与佩雷斯会面。佩雷斯当时是新当选的以色列第九任总统，他非常认真地对待自己总统的角色，将以色列的创始一代与后代联系在一起。他认为技术和创新对国家和人民的长远发展至关重要。

接到邀请后，我感到无比兴奋。我意识到这是一个难得的机会，这与我想通过全球政治和技术来提高影响力的个人目标相契合，也符合我的团队更好地服务全球用户的使命，以及公司普及信息的使命。这是一个实现自我的机会，而不仅仅是一次会面。

我充满激情地与谷歌的当地政策团队通宵达旦地准备简报文件，预测佩雷斯总统可能提出的所有议题和要求。这是我第一次为与国家元首的会晤准备简报，因此我非常认真地对待这次机会，把准备工作做得非常充分，甚至背下了整份文件。梅耶尔知道我在学校学过国际研究，对国际商业关系中的政治问题充满热情。在我们共事期间，我也一直与她坦诚分享自己的兴趣、背景和更远大的职业抱负。现在，我的大胆尝试终于得到了回报。梅耶尔诚挚地邀请我和她一起参加与佩雷斯的一对一会谈。在车里准备时，我既紧张又激动。

我们预计会有严格且烦琐的安检程序，提前了一个多小时到达总统办公室。在等待安检期间，我紧张的情绪得以平复，开始期待这即将开始的体验。经过各种安检程序后，我们终于进入了总统的办公楼。这里与外面繁忙的街头形成鲜明对比，显得格外安静、温暖和轻松。佩雷斯总统曾担任过以色列总理，是戴维·本－古里安（David Ben-Gurion）的得意门生，而本－古里安是以色列的开国元勋和第一任总理。当我见到佩雷斯总统时，立刻就感受到他与众不同的人格魅力和权威。

在佩雷斯总统的办公室里，我和梅耶尔受到了热情的款待，佩雷斯和我们进行了长达 1 小时的深入交流。他是一位真正的演说家，不仅是在世界舞台上，即便是在这样的一对一谈话中，他所说的每一句话也仿佛经过深思熟虑，闪烁着智慧的光芒。他总能敏锐地捕捉到别人话语中的深层含义，再以一种令人叹服的方式将其升华，赋予其新的意义和启示。十几年前，佩雷斯在担任外交部长期间与巴勒斯坦领导人进行了和平谈判，并赢得了诺贝尔和平奖。坐在他的办公室里，我不禁想象着那些年他在谈判桌前的风采，以及他是如何运用智慧和技巧化解一次次紧张对峙的。

在与佩雷斯总统的会面中，我深刻地感受到了他对中东地区和平与发展的执着追求。他向我们介绍了他的基金会——佩雷斯和平创新中心，这个中心的宗旨是通过促进宽容、经济和技术发展、合作和福祉，推动中东地区的持久和平与进步。在佩雷斯总统的引领下，我意识到自己在谷歌的工作与这个宏伟的目标有着千丝万缕的联系。我们有许多合作的机会，可以为中东地区的和平与发展贡献一份力量。我深知与佩雷斯总统会面的这一天将永远烙在我心里。我的内心经历了一些微妙的转变，对未来的道路有了更加明确的方向。

为了这次会面，我付出了许多努力，包括通宵达旦地准备简报文件，背诵一字一句。我全身心地投入其中，但如果没有梅耶尔的引领和启发，我或许只会停留在表面的了解上。她那令人叹服的领导力和对团队成长的关注，让我深感敬佩。她不仅关注自己的影响力和雄心壮志，更致力于为团队中的每个人创造成长的空间。

梅耶尔独具慧眼，善于发掘和培养早期人才。她为谷歌注入了一股清新的力量，让这个科技巨头焕发出新的活力。她通过富有抱负的挑战来激发团队成员的潜力，并积极为他们创造未来的机会。正是由于她的努力和奉献，谷歌才得以不断发展壮大，从而产生深远的影响力。

梅耶尔作为谷歌的第一位女工程师和第 20 号员工，拥有斯坦福大学人工智能硕士学位，但她并没有满足于此，而是建立了一支忠诚、致力于改变游戏规则、才华横溢的员工团队，这些员工不仅改变了谷歌的发展方向，还通过扩大影响将她的影响力提升到了更高的层次。梅耶尔聘用的员工在科技界产生了巨大的连锁效应，甚至超出了谷歌的范围。这些由她亲自培养的创业者后来领导和创立了大量科技公司，并成为科技行业中的佼佼者。我一直觉得自己肩负着巨大的责任，不能辜负梅耶尔对我的投资，要努力让自己的影响力为她带来荣誉。

这次经历让我更加坚定了自己的职业追求，希望能够在职业生涯中尽可能多地履行自己的使命，成为像梅耶尔这样有影响力的领导者。她不仅仅看到了团队成员的潜力，更是为他们创造了展现这些潜力的机会，而其他人只能受困于眼前的局限，无法像她一样洞察潜在的机会和发展空间。

自我进阶指南

BET ON Yourself

审视自我

你是否有机会参与公司的关键项目？你是否可以创建一个“未来自我”蓝图，将你的工作从单纯的“工作”转变为充满激情的“使命”？你是否渴望更快地走上领导岗位，发挥更大的影响力？公司的使命是什么？你的团队如何更好地与公司的目标保持一致？为了工作更有意义和更具影响力，你如何找到与使命直接相关的关键项目？

把握机会

为了发挥你的专业能力，为团队减轻工作负担，本周你将向团队或经理提出什么建议？你怎样才能提高自身的知名度，在关键任务中展现自己的价值？

拥抱挑战

与关键利益相关者会面，分享你的成长愿景，让他们了解你的目标、计划和期望，这将有助于提高你在团队中的知名度。

BET
ON
yourself

第5章

空缺从不存在，必须靠自己争取而来

雇用那些在未来可以取代你的人。

在我大半生的职业生涯中，我有幸与世界各地的权贵富豪共事。这既是我人生中巨大的荣幸，也是我一生中最大的挑战。我感激现在优渥的生活，因为我无须为了生活在街头拉小提琴。然而，这种人生经历背后的真相是，我在工作中花了大量时间去感受恐惧、尴尬和不适应。在会议室中，我常常是资历最浅、最微不足道的一个。我学会了认识自己的价值，但这个过程充满了困境和挫折。很多时候，我会本能地选择退缩或放弃。

或许，世界上有些人天生自信，自我意识强烈，能够坦然接受他们的特权。但我认为，大多数人都要为自己在这个世界上争取一席之地而奋斗。我 20 多岁初入职场时，就开始为世界上极富有、极有权势的领导工作。我在职业生涯最稚嫩、最不起眼的阶段，就进入了这个圈子。我与大多数普通人的晋升路径不同，没有完整的职业经验作为基础，这让我每天都感到既新奇又充满恐惧。

我很早就意识到，要在职场中生存并取得一定的成就，必须制订一个明确的行动计划。为了实现自身目标，我迅速地确定了以下 3 个关键任务。

职业生涯中的关键投资

BET ON Yourself

- 克服冒名顶替综合征①。
- 优化工作流程。
- 在满座的会议桌上夺得一席之地。

在职业生涯的早期，我在一家技术公司工作，那时我深感压力。我面临着两个选择：要么努力挣扎求生，要么沉沦其中。当时我的问题在于，我感觉身边的同事们就像游泳健将迈克尔·菲尔普斯（Michael Phelps）一样，而我则像一个拿着浮板初学游泳的人。这种明显的差异让我深感焦虑，我知道自己必须找到一种方法来提升自我价值，否则我将会被淹没在这片竞争的海洋中。

与对的人共事，找到能帮你做得更好的人

在亚马逊和谷歌这样的大公司工作，我周围都是受过优质教育、背景强大的同事。我经常觉得自己是这些公司里唯一一个没有去过斯坦福大学、哈佛大学或麻省理工学院的人，这让我倍感压力。我从基础教育阶段到大学都是在公立学校度过的，即便我在一所全美排名前十的大学攻读博士学位，但与他们相比，我总是觉得自己有所不足。10 年后，我才意识到这可能是我的亮点。

令我尴尬的是，很长一段时间，每次在与新人交流时，我都会提到

① 冒名顶替综合征源自美国佐治亚大学的一项研究。通过对成功人士进行采访，研究者发现有 33% 的人感觉自己的成功并不是理所应得的，变得自信有时候会很困难。冒名顶替综合征患者会放弃重要的职业机遇，这会对他们的财务和身心造成伤害。——译者注

自己还没获得博士学位就被谷歌雇用了。我发现这是向他们证明自己能力的一种最简单直接的方式。我不断地试图证明自己，这几乎成了一种条件反射。有一段时间，我一直觉得自己不够好。在开始这份令人望而生畏的工作之前，我常常做着一个重复的梦。梦中，一个学校的管理人员走进我们的高级课程班，他大声质疑为什么我会出现在班上，他认为我不配待在这个班级，应该被调到基础班去。在众多才华横溢的人中间，我曾深感自己不够聪明，这种内心的恐惧让我在接下来的几年里背负了巨大的压力。

与团队成员建立互助关系

在对抗冒名顶替综合征的过程中，我发现与合适的人建立良好关系是最有效的方法。在我开始寻找优秀的导师之前，我需要一个团队，这些人的职场经验比我丰富得多，他们一直是我的制胜法宝，让我在面对挑战时不再害怕。他们将成为我的得力向导。

在亚马逊工作的第一周，我就结识了团队的关键成员，这无疑是一个非常好的开始。其中，最重要的成员之一是我的队友约翰，他带领我进入了团队。他不仅在我向贝佐斯展示工作成果之前帮助我检查工作，还给我解释上级分配给我的任务，并将这些任务纳入公司更大的目标之中。如果我不向他提问，假装自己什么都懂，那将是一个巨大的错误。我甚至不得不问他一些常见的专业技术术语，例如“结构化查询语言”（SQL）、“首席风险官”（CRO）、“B2C 模式”、“时间限制”（TL）、“存托凭证”（DR）、“软件即服务”（SaaS）、“搜索引擎优化”（SEO）等，后来我也逐渐熟悉了这些术语。

在我理解了上级分配给我的任务的意义后，我意识到自己需要在陌生的领域迅速与专业人士建立重要的合作伙伴关系。以我在亚马逊工作的第一年为例，我需要与包机公司的航班协调员合作。当时的我从未预订过私人飞机，也不知道如何操作。然而，我很快就解决了这个问题，由于预订私人飞机与预订商业航班完全不同，航班协调员首先会问我是喜欢湾流宇航公司（Gulfstream）还是庞巴迪公司（Bombardier）的喷气式轻型客机，[①]以及我想在目的地使用哪个地面固定基地运营商（FBO）。那时我真的不知道这些问题的含义。除此之外，我很快意识到自己需要与我们的安全团队密切合作，学会为外部会议场地进行风险评估。我关注了一些看似微小但实则重要的细节，比如永远不要预订7楼以上的酒店房间，因为7楼是消防车梯子能够伸展的最高高度，而这些需要注意的小细节只是一些基础的工作。我工作内容的复杂程度远远超过了这些。在顾问团队的帮助下，我克服了压力，学会了如何专注于事情的结果，这一点至关重要。

然而，并不是每个我加入的团队都让我受益，我也遇到过一些令人沮丧的团队。在工作过程中，我无意间加入了一个不积极合作的团队。这个团队中的一个成员对我的加入有敌意，认为这是对她个人尊严的侮辱，威胁了她在团队中的地位。由于她在团队中的地位较低，她非常渴望得到工作认可并获得晋升机会，再加上我的职位比她高几个等级，她认为我的加入会阻碍她的晋升。

从我第一天进入这个团队开始，她就用各种方式把我的生活搅得一团糟。她不仅对我进行批评、恶语相向，有时还会故意阻碍我的工

① 湾流宇航公司是世界上生产豪华、大型公务机的著名厂商；庞巴迪公司是全球唯一的同时生产飞机和机车的设备制造商，也是全球第三大民用飞机制造商。——译者注

作，修改或删除我写的文件，试图让我在高管面前难堪。在这样的工作环境中，虽然我非常热爱自己的工作，但我每天都感到恐惧和不安。我的一举一动都会让她产生不安全感，进而引发她与我之间一整天的激烈竞争。

我们的高管从未意识到她的问题或我的困境，当时我们也都不想让矛盾进一步升级，并没有把问题摆到明面上。现在回想起来，与这位难相处的团队成员谈话的其他人，开始通过观察她的不良行为来评判我们高管的形象，认为当时高管处理我与这位同事关系的态度是不明智的。这并不公平，因为这位高管一直蒙在鼓里，对刁难我的这个同事的行为一无所知。

为了改善这种状况，我努力与这位团队成员沟通，试图促成团队合作。我们一起参加了视频会议，举办了全球团队的晨间办公会议，讨论问题，以便我们可以合作处理我们共同关心的事情。我花了几个小时和她聊了她的工作，也努力去了解她的个人情况。

我们在共事的那段时间虽然度过了一些美好的时光，也不乏一些幽默的时刻，但这种竞争行为持续了两年多。我曾经怀疑自己是否反应过度，甚至开始怀疑这一切是否只是我自己的想象。然而，10 年后的一天，她突然给我打来电话，向我道歉并承认了她在过去阻碍过我的工作。听到她的道歉，我感受到巨大的宽慰。原来这一切并不是我过度反应或者凭空想象，我所经历的一切都是真实存在的，而我没有想到多年后她会打电话和我说这件事。

通过这段经历，我不仅建立了自己的个人价值观体系，还将其应用在了职业生涯的每一个机会中。我也经常劝导我的咨询客户在公司中应用这个体系。我认为有两个重要因素影响着我的工作。首先，我希望直接为那些我钦佩的并希望效仿的领导者工作。有时这意味着我愿意接受自己不喜欢的任务，因为这样做值得，可以让我有机会体验这种领导风格。其次，我愿意接受挑战，并不断提升自己的技能。这两个因素在我与那位难以相处的团队成员的共事中得到了体现，尽管和她共事的过程中面临着诸多挑战，我还是选择留下来，因为我认为这两个因素值得我去坚守。如果这一个或是两个因素不存在了，我想我会选择离开。

我有这样一位咨询客户，她在美国中西部一家发展迅速的公司工作。尽管她有宏伟的目标，却不断受到经理的阻挠。她做了一切正确的事情：努力工作，接下其他人不愿意承接的项目，制订自我发展计划，甚至通过在工作日晚上和周末上研究生课程来提升自己的技能。然而，令人沮丧的是，她想要的职位虽是公司急需的岗位，但公司依然不愿提拔她。她明显不受人重视，甚至受到了公然的不尊重。

经过一年的艰辛努力，她最终明白，如果想要取得进步，她要么选择换团队，要么离开公司。这让她感到十分痛心，因为她对公司非常忠诚，付出了很多努力。然而，当她对自己的上司不满意，并且觉得在那里无法继续学习、无法成长时，便选择了离开。虽然提出离职让她感到挫败，但是离开公司是她的正确选择。

创建一个高效能团队

我在一个团队工作 3 年后，团队中的 CEO 施密特被调任为执行董事长。这一变动让我们俩都不得不重新适应身边的新同事，而他的其他直接下属也都转到了公司的其他团队。我将这一变动看作一个机会，并成功争取到了首席顾问的职位。尽管我的职责发生了巨大的变化，但我明白自己必须为正式担任该职位而奋斗。我努力说服人力资源部门正式认可我的职位，因为当时谷歌并没有任何正式的首席顾问，这一职位当时在硅谷也不像现在这样普遍。

那段时间，我突然感觉自己的工作量相当于 10 个人的工作量。我之所以能够成功，是因为能够维持牢固的信任关系，并与高管们展开新的合作。我需要制定会议议程、提出战略建议、经常代表 CEO 参加会议，并代表 CEO 审查和批准高层项目决策。虽然工作准备得可能并不充分，但我依然坚持了下去。

单凭个人的力量，我难以保持这种工作节奏，也无法产生广泛的影响。因此，我决定从零开始建立一个新团队，并为我们办公室创建一个新的商业模式。为了实现这一目标，我需要打造一支梦之队。

我渴望招募那些经验丰富、背景强大、真正有才华并且对工作充满激情的人。我决心不雇用任何平庸之才，而是坚持高标准选拔人才。我需要找到那些能与我和施密特共同实现目标的人才，我不会雇用那些不能在未来取代我的人。作为一个管理者，我知道这样的团队建设需要付出很多信任。同时，我也深知这个团队将每天激励我提升自己的能力，激发更多的创新能力，并以实质性的方式扩大我的影响力。

通过观察 CEO、管理者和客户如何组建他们的团队，我学会了如何招到比自己优秀的人。我明白，CEO 总是需要管理那些在特定领域的技能超过自己的人。有时，这意味着 CEO 需要与那些毕业于更知名的学校或拥有更高学位的低级别高管打交道。**为了成为最出色的领导者，我们需要能够驾驭拥有顶级技能的人才，同时克服自我意识和竞争心态。一个具有广泛影响的团队能够激发每个成员的优势和潜力，并要求他们具备极致的协作能力。将这些优势融入团队的共同努力中是至关重要的。**

最终，我组建的团队展现出了极高的工作效率。8 年后，施密特告诉我，我们团队“出人意料地优秀”。与其他团队相比，它明显更加卓越。设计团队模式相对容易，最关键和最具挑战性的部分是找到并雇用合适的人。

我招募的第一位团队成员是金·库珀（kim Cooper），她曾在谷歌的早期阶段为联合创始人佩奇和布林工作。她拥有我需要的公司核心知识和人际关系，能够迅速融入团队。她的到来如同天降神兵，帮助我应对各种困难。最初，她只是临时协助我的工作，但后来我们发现这份工作充满意义，合作也十分愉快，于是她决定留下来。

我和金·库珀并肩作战，日夜不停地工作，只为满足日常工作的需求。然而，我深知我们不能永远保持这样的高强度工作状态。于是，我花了将近一年的时间说服施密特，我的团队需要再招募一名团队成员。

我知道施密特是个注重数据的人，于是我制作了一个电子表格：A 列列出了我们目前承担的所有核心职责。在 B 列，我列出了我们正在承担的超出基本交付需求的项目。然后，我还请他重点关注 C 列，该列记录了新的优秀团队成员将对我们团队产生的影响和我们之后能够承担的项目的前景。

施密特看到我制作的电子表格后，意识到增加一名团队成员可以带来更多的好处，因此他同意了我的请求。然而，我意识到他主要的顾虑是不想建立一支“随行团队”。除了我之外，刚卸任 CEO 的施密特已调整了所有直属团队，他希望我的团队能够尽可能地精简运行。当我解释了我们可以通过高水平的人才实现这一切时，他的顾虑消除了，毫不犹豫地给予了我所需要的支持。

我花费了 6 个月的时间寻找合适的团队成员。最终，我们找到了布莱恩 · 汤普森（Brian Thompson），他在伦敦担任类似于对冲基金 CEO 的职位。我只通过视频面试就决定聘用他。他冒着风险从伦敦搬到加州，加入我们这群有梦想、有行动力的人当中。我们彼此信任，这是我职业生涯中做出的最好的决定之一。

我规定优秀的团队成员可以相互替换，我们的这个团队就像是一个思想统一的整体。虽然我是团队负责人，最终对集体的成功和失败负责，但我希望团队结构是扁平的，让每个人都能有平等的归属感和成长机会。我们每个人都有自己的优势，可以弥补其他人的不足。

我深知，团队内不应该存在相互竞争，也不应有任何限制进度的等级制度或项目分配空间。因此，在我的团队中，测评指标是紧密相连的，只有我们完全团结一致，才有可能取得成功。没有人争夺所谓的“出彩”项目，也没有人试图比其他人更有知名度。我始终对团队保持透明，我的团队成员之间不存在竞争关系。我们愿意随时随地帮助彼此，从不计较个人的得失。我从未见过一个团队能够如此紧密合作。

当然，在建立团队的过程中，我也犯过一些错误。我以前从未管理过一个完整的团队，也没有接受过任何正式的管理培训，我只能在巨大的压力和繁重的工作中不断摸索和学习。当我们尝试这种非传统的团队模式时，我们都不得不在实践中不断调整。有时候，我的团队成员可能会对我感到沮丧，因为我在摸索过程中犯了很多错误，有时会在控制质量的时候无意中伤害了他们。

我们明白无缝协作通常取决于对微小细节的把握。为了更好地协同工作，我建立了一个团队共享的谷歌文档，用于记录我们所有的行动项目。我们每天还会召开同步会议，无论我们身处世界的哪个角落，或者是否整天坐在一起，都能确保信息不被遗漏。此外，我们还设立了一个共享的团队邮箱地址，每封邮件都会抄送到这个邮箱，以便我们随时了解每个项目的最新进展。

这个团队在各个方面都超出了我的期望。它激励我必须创造性地思考，坚定地追求梦想，勇敢地面对失败，并在未知的领域中给予支持和赞赏来领导。

我发现，**要成为一个有影响力的负责人，最佳的方式是雇用那些能够每天激励你变得优秀和完美的人。**我每天都努力保持最佳状态，即使感到疲惫，也绝不会拖累团队。有他们在我身边，我可以放心将目光投向长远的未来，努力推动施密特和公司的战略向前发展。我深知这一切都可以得到有条不紊的管理，我的团队成员已经成为我的家人和灵感来源。

在强大团队的帮助下，我们出色地完成了繁忙的工作，并敢于尝试新鲜事物。我在新方向上得心应手，这与我的个人兴趣、价值观和成长目标一致。我抓住了学习和领导的机会，努力发挥自己的潜力。尽管在工作中经常遭遇挫折，但我们每天都在尝试新事物并努力完善它们，我学会了放下追求完美的本能，而是专注于我们所做出的贡献。

赢得信任，学会向上管理

我的早期工作经历为我带来的最大优势就是敢于不断尝试前所未有的事物，而且无时无刻不在随机应变。在事业的后期，当我面临新的挑战犯错误时，我会努力回忆起这些关于毅力、实验和快速调整的教训。这一点在我学习如何有效地管理团队的过程中尤其明显。

我曾在某个夏天负责谷歌在伦敦和纽约办公室的几个项目。这意味着我必须在白天与欧洲或美国东海岸的同事合作，晚上则要管理加州总部团队的情况。尽管我们可以利用共享文档、每日视频会议和详细的项目计划来协作，我还是深刻地体会到了远程领导团队的艰难。我不能再像往常那样随时跟团队成员进行非正式的沟通或友好的咖啡聊天，而且也无法像以前整天并肩工作时那样为他们提供详细的指导和反馈。

在离开加州之前，由于工作距离较远，我已经预见了一些挑战。因此，我安排了每周一次的一对一会议，与我的直属团队成员进行单独对接。尽管我们每天至少有 1 小时的共同视频会议时间，但一对一会议对于加强与团队成员的沟通仍然非常重要。然而，日复一日，我发现自己待在伦敦的夜晚时间越来越长，一对一会议也没那么频繁地召开了。这时，我犯了一个错误，有选择性地召开会议，而不是将其作为一种常规的沟通机制。这意味着我们只在出现问题时才聚在一起，而不是在我能够预见问题并提前找到解决方案的时候。那个夏天，这对我和团队都造成了一定的影响。现在回想起来，我意识到在 2017 年学到这一教训的巨大价值。因为在 2020 年整个世界都被迫远程办公时，这一经验变得尤为重要。

通过与团队之外的人合作并取得成果，我学到了许多协作、领导和管理方面的宝贵经验。

在与高层的合作中赢得机会

在近 10 年的时间里，谷歌的两位创始人佩奇和布林都不希望有助手或直接下属。他们希望自己能够自由地接受任何想法，拥有足够的空间来发明科技，这在会议室的正式会议中是无法实现的。早期他们曾尝试组建团队，但最终解散了该团队。他们认为，当没有人试图占用他们的时间或强迫他们做不想做的事情时，他们才会更有效率。然而，问题在于，有时公司确实需要他们露面，而在那些时候，我偶尔会被叫来帮忙。

在我为梅耶尔工作的时候，佩奇和布林已经对我非常满意，这主要是因为我们的办公室位于同一条走廊上，只有两分钟的步行路程。后来，当我直接为施密特工作时，他们开始让我偶尔参与项目。虽然从技术层面讲，这并不是我的工作职责，但在特殊项目上，我认为协助创始人是最直接且高效的方式，既能为公司做出贡献，又能深入学习和实践领导方式和战略。

我无法预知谷歌创始人的项目，这让我备感困扰。有时，他们会找我协助接待特殊的来宾并带领他们参观谷歌园区。有一次，他们突然要求我协助接待一位 VIP 客人。那天，我发现自己陪伴的女演员是娜塔莉·波特曼（Natalie Portman），我们在园区里漫步了 1 小时，其间我向她解释了我们的企业文化。令人惊讶的是，她竟然出现在我们每周的公司大会上，而那天恰好是星期五。她是我见过的最令人印象深刻、温柔且聪明的人之一。想必你也很好奇吧，对我来说，这是一个非常高的评价，是我所敬佩和向往的样子。

虽然偶尔参与这些项目很容易让我分心，因为我的工作在当时已经相当繁重，但我知道这是难得的机会，我可以从自己非常崇拜的领导那里学到东西并与他们密切合作。因此，我一直都欣然接受这些任务。

有一天，佩奇找到了我，他希望他每周能抽出一下午的时间，与谷歌的顶级工程师进行非正式的交流。他怀念过去的日子，那时他可以轻松地走到工程师的桌前，询问他们正在进行的项目。然而，随着公司的不断壮大，当时员工数量已经超过了 2 万人，这样的随意交流变得越来越困难。佩奇不希望与员工和关键工程问题失去联系，因此他希望我能够为他解决这个问题。在接下来的 6 个月里，我在全公司范围内为他安排了工程师交流会。

让所有人都感到惊讶的是，佩奇不希望有任何正式的安排。他只是想随时随地"顺便拜访"最需要他的地方，了解一下当天最重要的项目。为了配合佩奇的这一工作方式，我创建了一个电子表格，列出了建议与之会面的工程师的姓名，并追踪该工程师的工作进展，同时不断重新调整优先级和添加新的建议人选。每个星期四，我都会与佩奇会面 3 小时，协助他安排这些会面。我每周都会根据公司面临的最紧急需求，准备一份优先级清单，并打印出园区地图，标出工程师的位置，以便佩奇可以随意走过去与他们交流。

佩奇赞赏我用这种有组织但又不过度干预的方式来安排他的“顺便拜访”。我利用这个难得的机会，结识了谷歌所有的顶级工程师，并与他们建立了稳定的工作关系。同时，我也深入了解了公司的核心战略和优势。佩奇的工作习惯是密切关注新技术，并优先与优秀的工程人才进行对话。在施密特担任 CEO 的 10 年任期结束后，佩奇成功接任了谷歌 CEO 的职位。

理解上级的需求和期望

我被选中参与谷歌联合创始人的特殊项目是有原因的，在之前的工作中，我做足了功课，并因此赢得了声誉。虽然做足功课的过程并不容易，但它对我的职业生涯产生了重大影响。我花费了很多深夜的时间独自阅读、学习、倾听和观察公司当前的需求以及未来的成功要素。我意识到自己需要了解不同的情况和意见，以便未来有资格进入自己想要参与的领域。因此，我一直在寻找能够给我这种视角的项目。通过多年的努力，我积攒了声誉，机会也随之而来。

尽管我已经做了充分的准备，但在承接佩奇的项目时，我仍需非常谨慎。管理比你资历深的人是一门艺术，而建立与高层领导的信任关系至关重要。在琐碎的日常任务中，我需要展示自己的能力、忠诚和勇气，这样才能逐渐获得他们的信任。大多数时候，这个过程可能并不显而易见，而且事实可能确实如此。在其他日常任务堆积如山时，我们很容易忽视这个过程的价值，但通过这种方式，你才能够为工作打下坚实的基础，收集正确的数据，并深入了解公司的核心战略以及你所在团队和高层管理者的动机。

在追求项目、晋升和关注度时，我见过一些人急于求成，忽略了基础工作。结果他们往往无法达到预期目的，还给自己的声誉和团队动力带来了极大的损害。因此，切勿急于跳过持续努力学习和贡献的阶段，这是至关重要的。

这为你提供了一个宝贵的机会，使你能够厘清自己有能力协助高级领导的事务。通过协助他们，可以让他们腾出更多的时间让产出最大化，专注于最具影响力的工作，并放心地将任务委托给你。这样，你便能提升自己的技能和影响力。这是我们在向上管理时始终想要追求的双赢局面。**当你的上级感到可以放心地将任务委托给你时，你就可以登上一个更大的舞台，否则你可能无法获得这样的机会。**

要努力成为管理层在需要确保工作顺利进行时会首先想到并求助的那个人。

我的一位咨询客户在快速晋升的过程中，遇到各种常见的问题。这位 CEO 在公司内部找到了一位他认为可以成为完美搭档、可以委托任务的人。然而，当这位成员认为自己能够成为继任者时，他的工作效率开始降低，反而成为自己前进道路上的最大敌人。尽管这位成员能够正确地说出所有行业术语，却无法完成关键任务，这不符合工作标准，从而导致团队对他失去了信任。原本属于他的晋升机会，最终与他擦肩而过。

公司不得不从外部招聘人员来替代这位成员，以挽回一些损失。这位新任领导者选择身体力行地与团队并肩作战，并主动承担关键项目。他没有被头衔所带来的光环分散注意力。相反，他放弃了出任 CEO 的机会，转而专注于公司的核心增长领域，这使得公司获得了竞争优势，也让他在职业生涯中取得了更大的成功。

在风暴中保持冷静

希拉里·克林顿刚刚完成了她的回忆录《艰难抉择》(*Hard Choices*)，并计划在 3 天后将其带到硅谷，进行新书巡回宣传。她的办公室副主任胡玛·阿贝丁（Huma Abedin）联系了我，询问谷歌是否愿意举办希拉里和施密特之间的图书会谈。阿贝丁是在一个周五给我打的电话，当时我们公司正在另一个州召开年度思想领袖大会，他们希望在我们计划返回后的星期一在山景城进行这次谈话。

施密特认为这是一个好主意，于是我开始协调和安排这次活动的相关事宜。这将是我们园区的一次重大事件，因为前第一夫人将参与其中。我不得不在周末与多个团队合作，包括企业宣传团队、活动团队、法务团队、谷歌安全团队和特勤局。经过辛苦的准备工作，活动最终顺利举办。施密特和希拉里按时登台，总部现场观众众多，还有成千上万的人在 YouTube 上观看了这次活动。

在活动结束后，希拉里提出为谷歌员工举办一场签售会。于是，她的助手提前安排将书送到现场。然而，他们没有预料到员工的需求如此强烈，导致书籍的备货量远不及排队等候的员工数量。

那时，一个志愿者突然跑到希拉里旁边的桌子前，冲我们大声喊道：“我们遇到问题了！”希拉里的助手立刻将那个人带离了桌子，平静地回应：“我们没有问题，我们有解决方案。”她迅速提供了一个解决方案，承诺希拉里将在当晚为所有未能获得书籍的人签名，同时他们现在还可以与她见面并拍照留念。这样，签售会现场的突发问题得到了圆满的解决。

多年以后，我仍然怀念那段时光。简单来说，那段时光体现了我的工作哲学，以及我作为首席顾问在工作中取得成功的秘诀。**我从未在没有充分研究所有问题、收集必要数据并准备好几个行动建议的情况下向领导呈现任何东西。我不会只提出问题，我会带着解决方案出现在他的面前，这就是向上管理的关键。**

向前一步，与众不同才是你的价值

作为团队一员，我周围都是优秀的 CEO，他们每天都在努力提升自己的影响力，这让我压力倍增，经常心生恐慌。但我不能让这些恐惧分散我对特权和相应任务的关注。当你努力提升自己时，总会有担心或不适的感觉，但你要知道，这种感觉恰恰说明你做对了！

我时刻想着多做出贡献，在简化流程、委派任务和结识新合作伙伴等方面进行创新，留出多余时间专注于战略决策和内容贡献。这花费了一些时间来逐步完善，我们在调整过程中也经历了一些尴尬的时刻。我的目标是能在谷歌内部或外部发挥更大的影响力，并且我看到了更多的机会能让自己实现这个目标。

即使没被邀请，也要主动参与

2014 年夏季，我的团队正在深入处理一系列高层政治事务，导致我们不得不在欧洲停留了数月。在这期间，我们特别关注了新加冕的西班牙国王接见施密特一事，这是一次战略性会议。这位国王是在其父亲突然退位后继位的，接见地点选在了马德里的王宫。我与公司在当地的制定政策部门紧密合作，共同为施密特与国王之间的会晤准备了详细的简报。这份简报中，我们着重提到了谷歌提出的建议，旨在激励西班牙人民积极创业。这是因为西班牙仍在受 2008 年经济衰退的影响，还处在恢复期，急需新的经济活力。我们深信，西班牙可以从新国王出台的新政策中受益。

在马德里的谷歌创业者校园，我们举行了数次高层会议。此外，我们还受邀参加了一场由美国驻西班牙大使詹姆斯·科斯托斯（James Costos）举办的私人晚宴，与西班牙的文化圈领袖（包括艺术家、电影制片人和音乐家）共进晚餐。这些人物都是西班牙社交界的佼佼者，他们的光环让我在晚宴上略感拘谨，但我深知不能因为这种感觉而降低工作效率。然而，最让我难以忘怀的，是在马德里王宫的那次接见，那应该是我人生中最尴尬的时刻。

通往王宫的道路仿佛将我带入了一部电影的场景中。我们的车离开了繁华的主街，驶入一条两侧树木排列整齐的狭窄道路，最终停在一个私人入口处。抵达接待区后，谷歌政策负责人对于施密特打算带我一起会见国王感到很担忧。施密特坚定地表示我与他一同前往是至关重要的，我不应该被安排在门厅处空等。

我坐在那个房间里，默默地感受着心脏的跳动，直到被点名发表意见。我感受到了巨大的压力，因为我要证明施密特的决定是正确的，证明我在这次会见中的存在是有价值的。施密特总是善于在会议中安排一个中立的人，这个人可以随时总结观察并提出建议，这次也不例外。尽管我并不认为国王的接见会对我产生实质性的影响，但我深知，哪怕被告知位置已满，只要我带着自己的椅子坐到桌子前，实质性的差异就产生了。这一刻，我醍醐灌顶！

我意识到，我不仅仅想进入宣布重要事情的会场，我更想为自己赢得一席之地。

即使不被认同，也要勇敢表达

在与施密特的风险投资公司 Innovation Endeavors 合作，组织特拉维夫一年一度的世界知名科学家、学者和企业家巡回演讲的过程中，我经常感到深深的恐惧。在 2015 年的第二次活动中，我们与以色列魏茨曼科学研究所①的杰出思想家会面，共同探讨人工智能如何推动拯救生命的医疗技术的进程。

从活动内容来看，我至少可以说我的工作已经超越了我的专业领域！

一场特别的晚宴在一家知名博物馆附属的私人住宅里举办了。我疯

① 魏茨曼科学研究所 1934 年建于雷霍沃特，1949 年扩建，并以以色列首任总统、著名化学家哈伊姆·魏茨曼（Chaim Azriel Weizmann）博士的名字命名，是一个供学者在物理、化学、数学和生命科学等领域深造的研究中心。——译者注

狂地记下了无数页的笔记，记录着我不懂但想后续查找的术语和参考资料。我很容易陷入无声的恐惧中，不得不积极地与这些束缚自己的想法抗争。

在会议开始时，不可避免地会有介绍环节，我本可以选择轻松地隐藏在大众视野之外，我总是下意识地认为自己不足以在桌前坐下或在讨论中发言。

有时，我必须依靠对施密特的信任。他是一个聪明且有远见的人，而且总是有目的地把我带进对话中，所以我必须相信自己能为这次对话增加价值。

就像在马德里王宫的那次接见一样，随着对话的深入，他把我介绍给众人，询问我的看法，让我阐述问题。尽管我的内心充满了恐惧，但我明白，他这样做是因为我的非专业视角具有独特的价值，能够引导对话朝着积极的方向发展，并触及我们试图解决的问题的核心。

会议室布置得很好，与会者也都是出类拔萃的人才，我却感觉自己格格不入。对于任何想要扩大影响力并愿意付出努力的人来说，这是一种常见的感受。进入这些核心决策会议的过程并不容易，你为此所做的准备工作可能会白费。

然而，你的努力终将会在工作中结出硕果。这将给你带来信心，让你敢于抓住机会，在职责之外取得更多成绩，并最终将自己的椅子挪到大桌子旁。**职场中从来没有空缺，你必须为自己创造空间。**

自我进阶指南
BET ON *Yourself*

审视自我

你曾有过在大舞台上展现才华的机会吗？冒名顶替综合征如何阻碍了你？你可以建立一个由比你优秀的人组成的团队吗？队友会给你建议吗？你需要录用或剔除哪些人才能拥有你自己的梦之队？你是否想过制定一个既符合团队需求又能满足个人抱负的工作流程？你的队友们是否相信你在风暴中可以保持冷静？你如何利用自己的特点来争取你梦想中的位置？你渴望坐在哪些重要的桌子旁？是什么让你觉得自己有资格参与那些高端对话？为了实现这一目标，你需要谁加入你的团队？

把握机会

为了离梦想更近一步，你愿意主动承担哪些任务，进行哪些调查或寻求谁的帮助？

拥抱挑战

今天，是时候迈出实现目标的第一步了！

BET
ON
yourself

第 6 章

坚守最高标准，尽管去做

当你专注于贡献有价值的东西时，

便能为自己创造更多意想不到的机会。

员工在提升自己、为自己的团队争取更多关键工作和更大知名度方面，有着比他们自己意识到的更大潜力。**只要员工意识到，通过互利共赢的方式，不仅可以减轻管理人员的工作负担，还能为自己创造更多成长的机会，奇迹便会开始发生。**

想要成为公认的初级管理人才，以下 3 点至关重要。

职业生涯中的关键投资

BET ON Yourself

- 扩大自身影响力。
- 提升自我能力。
- 开展有效合作。

使用“影子”方法，跳出头衔圈定的框

贝佐斯制订了一个极具影响力的计划，旨在培养公司高管人才，并将他的价值观和方法注入整个公司。在亚马逊工作的第一年，我得知贝佐斯设立了一个特别的岗位——“影子顾问”，正式一点来说，就是“技术顾问”，由一位有潜力的初级主管担任，他需要在贝佐斯身边工作一

年半的时间。这个岗位存在主要有两个原因。

首先，贝佐斯希望能找到一个能够与他一起进行头脑风暴、讨论公司最高层决策的合作伙伴。这个合作伙伴不能有自己的议程，也不能有可交付的成果，同时还不能有与贝佐斯相冲突的动机。贝佐斯需要“影子顾问”随同参会、抄送邮件、参与业务发展。这能为贝佐斯提供所需的智力支持，帮助他保持创新思维，并扩大个人影响力。

其次，这种前所未有的“影子顾问”岗位为年轻的管理人员提供了宝贵的学习机会，让他们学习如何成为贝佐斯的“智囊团”。他们将学习提出贝佐斯可能会问的问题，预测他对各种想法和建议的反应，并从专业的角度反驳。此外，这些年轻的管理人员可以作为贝佐斯的同行，向他提出质疑。贝佐斯不但能容忍同行的评议，而且还热切地追求它，他围绕同行评议构建了一套完整的机制。“影子顾问”这个岗位完全专注于帮助贝佐斯成为最优秀的 CEO。

超越职位限制

2002 年，安迪·贾西（Andy Jassy）成为贝佐斯的首位正式“影子顾问”。2003 年，他协助贝佐斯创建了亚马逊网络服务公司，这家子公司市值高达数十亿美元。经过 17 年的成长与积累，贾西被任命为贝佐斯的接班人，并于 2021 年正式接任亚马逊 CEO 一职。

贾西是一位出色的“影子顾问”，在众多与贝佐斯合作过的初级主管中，只有他达到了贝佐斯的要求。在亚马逊成立初期，贝佐斯曾与其他主管进行过“影子顾问”的实践，但结果都不尽如人意，达不到贝佐斯期望的效果。这可能是因为贝佐斯和那些主管在合作时不够专注或投入。事实证明，员工将“影子顾问”作为兼职任务对待时，是很难“克隆”出一位优秀领导者的。这需要员工将“影子顾问”一职视为一项全职任务，全身心投入。贾西就是第一个全职投入并成功完成这一挑战的人。

2003 年，当贾西从幕后走向台前，成为新创建的亚马逊网络服务公司团队的领导者时，科林·布莱尔（Colin Bryar）开始担任贝佐斯的第二任“影子顾问”。布莱尔刚上任时，来问过我如何与贝佐斯高效合作。由于我除了休息时间几乎一直都待在贝佐斯身边，所以我有绝佳的机会来指导布莱尔解决他遇到的一些问题，并为他提供最佳行为示范。我帮助他为会议做准备，甚至告诉他第一次乘坐私人飞机可能会发生什么，尽管我自己当时还没有坐过。

和贾西、布莱尔的互动激发了我个人职业生涯中的一个重要想法。我意识到，如果我能指导他们如何做贝佐斯的“影子顾问”并更好地与贝佐斯合作，那我为什么不把自己也重新定位为“影子顾问”呢？“影子顾问”能接触到的信息、人脉和资源，我也都能接触到。这是我大学毕业后的第一份工作，虽然我只是个默默无闻、毫不起眼的小角色，但我为什么不把自己看作贝佐斯的私人学徒呢？我为何不尝试承担更多责任呢？这样做也许可以改变别人对我的印象。我想要培养自己的商业直觉，预见贝佐斯和公司将会面临的每一个问题、挑战和机会。

在我转变思维后，我将那些原本容易被自己忽视的工作视为自己每天的挑战和成长的契机。现在，我将日常任务看作自己学习和成长的机会，不再认为那些看似不需要动脑的任务（比如跟踪项目执行情况）不重要。现在，我把它们看作了解公司内部战略的绝佳窗口，是有效执行高管委派的工作任务的指南，我把它们当作贝佐斯如何领导公司的秘密手册。我一直在寻找机会，想要超越传统角色的期望，把我学到的知识以意想不到的方式应用到实践中。这不仅对我的职业发展大有裨益，也会对我的团队产生积极影响，助力我们更好地推进贝佐斯的优先事项，并预见未来的需求和挑战。这些经历让我在几年后成为谷歌 CEO 的得力助手。

创造双赢局面

在谷歌工作的早期，当我为梅耶尔工作时，我就将自己看作她的“影子顾问”，通过尽可能地减轻她的工作负担来提升我的影响力，这给了我扩展技能和学习的机会。她的团队人数呈指数级增长，她所承担的责任也越来越大。很快，梅耶尔就成了产品团队对外的形象代言人。她主要关注可交付成果和代码审查，许多其他事务她无暇顾及，需要由我来代表她出面处理。

为了提高工作效率，我深入研究了团队运营的方方面面。我确定的其中一个项目是改进与梅耶尔沟通演讲要求的流程。此前，所有要求都被记录在一个大型电子表格中，然后提交给梅耶尔，询问她的意见，由她决定哪些要求可以接受，哪些需要拒绝，哪些可以委派给其他团队成员。这个过程缺乏明确的决策标准，给梅耶尔带来了巨大的处理压力。与处理其他重要事务相比，处理这些请求似乎并不紧迫，但我知道，如果我们处理不当，在与用户建立信任关系上没有战略性，可能会带来灾难性的后果。为了确保用户在使用我们日新月异的技术时感到开放和安全，我们需要制定一套统一的沟通策略。

因此，我每周会与传媒团队开会，审查媒体请求，并按照优先级排序，以便高效地向梅耶尔提出建议。通过这种方式，我们从原先她没有时间和心情审查的数百个选项中筛选出关键项，建立了一套高效、快速的审批流程，确保我们的工作重点明确、策略得当。

这样一来，传媒团队就可以更加积极主动地寻找机会，而不是被动地应对发生在我们身上的事情。仅在 2007 年，这一流程就促成了梅耶尔接受《今日秀》的采访，在《嘉人》和《细节》杂志上发表专题文章，以及接受微软全国广播公司（MSNBC）、美国全国广播公司（NBC）、全美广播公司（ABC）、福克斯（FOX）、美国消费者新闻与商业频道（CNBC）的采访。我们还致力于增加梅耶尔在国际消费类电子产品展览会（CES）、《财富》最具影响力女性峰会（Fortune：Most Powerful Women）和数字生活设计大会（DLD）等重要会议上的演讲机会。通过这种针对媒体和演讲的策略性方法，梅耶尔迅速成为谷歌产品的公众形象代言人，这不仅提升了她的职业形象，还让她离成为 CEO 的目标更近了一步。

当梅耶尔被邀请参加《今日秀》时，我的工作也随之发生了重大变化。老实说，我不记得当时我们宣传的是哪款产品，但我记得那次纽约之行是在一系列国内外会议以及发布活动筹备期间安排的，其间有几次电视直播。由于日程安排非常紧凑，而梅耶尔又不太守时，我担心她会打乱计划，完全错过电视直播采访。为了确保一切顺利，我决定亲自陪她前往纽约，并为她安排了 48 小时的行程。

那时候，我真的很担心梅耶尔不会同意我陪她出差，因为负责行程和管理产品发布会直播活动并不在我的工作职责范围内。之前，我只跟她一起去过苏黎世参加会议。当我听到她同意我加入并看看是否能帮上忙时，我松了一口气。我们从旧金山搭乘红眼航班飞往纽约，抵达后就直接去参加会议。梅耶尔有一种神奇的能力，那就是在需要的时候可以强迫自己立即入睡。她能在任何地方、任何时间都睡一小会儿，而且只需要大约 4 小时的睡眠就能恢复到最佳状态。我完全没有这样的天赋，即使在完美的睡眠条件下我也总是会失眠。

我们一到纽约，梅耶尔就立刻行动起来，我们忙碌了一整天。凌晨 2 点左右，我终于瘫倒在酒店房间里，睡了大约 3 小时，然后 5 点闹钟就响了。我们必须在 6 点前到达《今日秀》现场，以便有时间做好专业的电视妆容与发型设计等准备工作。站在摄影师身后看现场访问以及在休息室里观看电视直播采访对我来说是一种全新的体验，这让我更加了解梅耶尔对我们团队和整个公司的影响，以及如何通过媒体传播这种影响。我非常喜欢发布会媒体的节奏、力量和策略。

最重要的是，这段经历不仅开阔了我的眼界和想象力，还让我找到了更多帮助我的团队将我们的产品成功推向世界的方法。一天下来，我累得筋疲力尽，内心却充满了无法言喻的力量，以至于在返回加利福尼亚州的红眼航班上无法入睡。我第一次来纽约，经历了一次在自己的职业生涯中引发的多米诺骨牌效应，它让我更有信心去挑战自己，去寻求影响力更大的项目。我渴望在那个舞台上占有一席之地，成为众人瞩目的焦点。

纽约之行结束后，我开始每次都陪同梅耶尔一起出差。我们参观了谷歌的远程办公室，会见了大公司的 CEO，参加了所有主要的技术会议，并在美国各地参加了新闻发布会。这让我为将来与谷歌 CEO 施密特一起开会做好了准备，这在以前我做梦都不敢想。

在共同的成长目标下，梅耶尔作为一名高管的影响力越来越大，而我作为一名个人贡献者的影响力也越来越大。这是我们合作中一个非常有效的模式的开始，对我们的职业生涯而言是双赢的。

保持冠军心态，跃升思维层级

学会与权威交流的唯一方法就是主动寻找并积极应对那些需要权威发言的场合。如果你想提升自己的技能，就需要进行充分准备，让自己接触到战略性方法，承担并挑战符合当前专业水平的任务，以拓展新领域的知识。我发现，当我做好了充分准备时，我就能够发挥自己的潜力来应对挑战。

在提升自我的过程中，勇于承担风险至关重要，我知道自己可能因为缺乏经验而无法完美地完成任务，但通过这些任务，我可以在短时间内学到很多东西。随着时间的推移，我不仅学会了接受这种压力，还愿意主动寻找这种压力。

对我来说，其中一个基础建设项目是单枪匹马地建立谷歌飞行部门。2011 年 8 月，谷歌以 125 亿美元收购了摩托罗拉，这是谷歌历史上最大的收购之一。这次收购非常复杂，管理层花了很多时间来决定如何使收购的价值最大化。收购摩托罗拉将使我们能够通过应用他们的知识产权和专利来推进安卓系统的发展。然而，我们也面临着一个艰巨的任务：在摩托罗拉的员工中进行筛选，决定哪些人需要被裁掉，哪些人可以留下来成为谷歌的员工。

在当时，移动应用是谷歌面临的一大挑战，需要承担很多风险。施密特把他个人职业生涯的成败放在了移动技术投资上，他认为这是谷歌应该关注的未来，也是我们建立产品平台的方向。那一年，谷歌的主要目标是“移动优先”，这意味着公司的每个团队都必须针对移动优化进行设计。我想把自己的晋升机会与这个挑战结合起来，因为我知道自己能用另一个双赢的方案取得高管的支持。

在收购摩托罗拉的过程中，我所扮演的角色经历了意想不到的转折，同时也为我提供了难得的提升领导经验的机会。此次收购囊括了摩托罗拉的所有资产，包括知识产权、员工，甚至他们的私人飞机队。施密特让我全权处理这些新购置的喷气式飞机以及安排飞行人员。虽然施密特和我们的创始人拥有一些我熟悉的私人飞机，但谷歌此前从未拥有过公司专机。我负责管理并制定行政包机合同和政策，感觉这是一个将业务水平提升到新高度的自然途径。基于这些外围经验，我需要将自己的专业知识扩展到飞机队运营所需的领域。

一开始，我觉得这个项目远超出我的职责范围，因为我对飞机的维护、人员配备和后勤保障一无所知，不清楚这个飞机队的规模是大是小。于是，我把这个整合项目分为 3 个部分：员工、飞机和制定企业使用政策。我首先承担了一项最不愉快的任务，那就是与摩托罗拉飞行部门的所有员工进行面谈，包括经理、调度员、机械师、飞行员和乘务员，然后决定哪些人是关键人员，哪些人能够融入谷歌的企业文化。

我很快发现，摩托罗拉的企业文化与谷歌的企业文化有着天壤之别，因此很难想象大部分飞行部门的员工能够轻松适应新环境。我安排其他人评估他们的工作技能，而我自己则专注于判断他们能否融入谷歌的文化。这个团队将与谷歌的其他团队完全分开，所以有一定的回旋余地，但与他们互动的谷歌员工都是公司的高层，所以他们必须展现出与谷歌文化相符的一面，即我们内部所称的“谷歌思维”，这是谷歌企业文化的核心。

成为“谷歌人”是我们每天在工作中都会谈论的话题。这不仅要求我们具备创造性解决问题的能力，还需要具备协作精神、雄心壮志和超强的分析能力，同时保持谦逊。这需要员工既拥有顶级的专业知识，又能在保持自我和追求卓越之间找到平衡，但很少有人能同时做到这两点。这个团队的技术水平非常高，我需要筛选出能适应谷歌创新文化的人，并帮助他们从只会听令行事的团队成员，转变为能与我共同塑造团队文化的创新团队成员。

不断扩展自己的技能集

我们与飞行团队的首次会议过于正式，他们使用了死板的 PPT，这在谷歌内部会议中是不被允许的！而且他们还在会议中提出了基于层级结构的商业计划，这与我们创新的扁平管理结构格格不入。一开始，他们的计划就缺乏创新性和前瞻性，无法体现谷歌的价值和增长速度。我明白我们需要创造出独一无二的东西，以彰显谷歌的优势与成长速度。看到他们中的一些人振作起来，真正理解了为高管出行创造一种革命性方法的愿景，并和我一起头脑风暴，想着如何在工作中既能提高效率，又能增添乐趣，这让我感到非常欣慰。然而，他们中的有些人立刻变得不安，下意识保护自己的旧习惯，显然不愿意尝试新事物。

在我的职业生涯中，我第一次不得不建议解雇哪些人，这让我很痛苦，但我心里知道，那些员工在这个新环境中不会快乐，如果让他们去找一个更传统的团队，他们反而会茁壮成长。这是一个艰难的过程，我最终组建了一个小型核心团队，团队成员与我一起进行下一步的评估，并决定三架飞机中的哪一架值得保留。

通过与团队的长时间分析，在详细查看了每架飞机的使用情况和运营成本之后，我建议卖掉其中一架较小的飞机，长期保留最大的一架，并将第二小的飞机保留几年，直到维护成本随着飞机使用年限的增加而增加，再将其淘汰。接下来，我需要制定一套谷歌专机的使用政策，明确使用目的和对象。

我需要创建一个标准来评估相互冲突的请求，并确保最关键的用途总是被优先考虑，而并不总是取决于某个人的资历。有时候，一位资历较浅的高管会比另一位资历较深的高管更有理由使用这架飞机。在收购后的头几年，我个人负责专机使用的审批和运营流程。

我制定了透明的、公开发布的指导方针，每次审批或拒绝请求时，我都会花时间解释我的思考过程，以确保采用一种协作的方式，使每位高管都感到被重视和理解。我对他们的行政助理进行了申请方面的相关培训，这样他们就可以从最初阶段协助获取正确的资源，并在每次申请公司专机时提出最有力的理由。我还确保给每位高管一个有效的替代解决方案，这样既尊重他们工作的重要性，又反映出谷歌在那个时刻需要如何使用资源。这种谨慎的做法避免了一切不必要的权力斗争或误解。

如果我没有花数年的时间深入了解谷歌的核心战略、优先事项和对股东的可交付成果，并与这些高管建立信任关系，绝对不可能在这个项目上取得成功。我花了数年时间与他们建立了牢固的信任关系，只有在此基础上，我才能以一种赋予他们力量的方式有效地管理这些高管，即使我不得不拒绝他们。在我职业生涯的大部分时间里，我以对别人说“不”为生，同时还要让他们感觉良好。这就是我工作的艺术。

一个常见的错误是，很多人只看重那些看起来光鲜亮丽或备受瞩目的项目的增长价值。我的大部分职业上的进步都来自做别人不想做的项目。在运营谷歌飞行部门的过程中，我经常熬夜研究美国联邦航空局的政策，以确保我们飞行部门的一系列标准符合相关规定，也与律师交谈，研究公司及高管所面临的税务问题，还协助处理因公司优先事项变更而产生的最后一分钟换机事宜。

这是一项全职工作，我必须弄清楚如何高效地完成它，以便在我已经排满的一天中将其作为次要项目来完成。这些平淡无奇的任务为我树立了积极主动、善于合作、不忘为公司做正确事情的形象。只要你积极寻找，这些机会在任何职业级别都是可以获得的。

大家往往只想做那些既好玩又能露脸的光鲜项目，却忽略了团队真正需要下功夫的基础工作。**自负可能是职业发展过程中的大忌，而谦逊才是真正具有创新精神的人的核心价值。**值得一提的是，谦逊也是学会与权威人士交流的必备要素。

总的来说，这种方法对我来说是奏效的。**当你专注于贡献有价值的东西时，你不可避免地会受到关注，从而迎来属于自己的好运和意想不**

到的机会。

展现兼具韧性与创造性的工作态度

学会与新任领导者交流的关键在于重新定义你的贡献，这既包括你对自己的看法，也包括你的领导对你的看法。

2012 年夏天，谷歌受国际奥委会邀请，参与了伦敦奥运会的报道工作。虽然施密特之前参加过几届奥运会，但这次合作对谷歌而言具有重要的战略意义。公司旗下的 YouTube 体育部门一直在与国际奥委会进行深入的谈判，目的是获得播放奥运内容的许可。奥运会传统的媒体传播模式是为每个国家的主要电视网络提供独家转播权，但这种模式存在局限性，因为仅有一个内容合作伙伴，这意味着内容会集中于主要的体育赛事，许多其他项目的运动员无法得到应有的曝光。谷歌希望改变这一现状，让更多的运动员得到展现自己的机会，让全球的年轻运动员在更多样的运动项目中得到指导和启发。

谷歌可以将电视上未播出的内容放到 YouTube 上，这样既不违反现有的转播合同，又能吸引更广泛的观众群体，特别是年轻观众，他们更倾向于通过网络而非传统电视观看内容。国际奥委会在适应新的商业模式方面进展缓慢，因此我们与他们的对话延续到了随后的两届冬奥会上，分别是俄罗斯索契冬奥会和韩国平昌冬奥会。对我而言，这是一个令人振奋的项目，因为我一直对奥运会和那些令人惊叹的运动员怀有浓厚的兴趣。

这是我第一次以工作人员的身份参加奥运会，确实有点儿摸不着头脑。幸好我提前几天就到了，这样我就可以测试一下我们的徽章和安全许可证是否有效。每个体育场、活动和会议室似乎都需要不同的授权徽章。但是，国际奥委会给我的徽章级别很低，这意味着我无法进入谷歌和奥委会开会的大多数房间，从而也让我无法完成公司派我来完成的工作。我无法享受奥运场馆之间的交通服务，也无法进入会议室来推动我们的合作进程。因此，我必须找到一个变通的办法来应对这一困境。

很快，我意识到自己需要与国际奥委会的贵宾后勤协调员凯伦建立良好的关系。

虽然我未能说服她给予我完全的访问权限，但她仍然给予了我足够的权限，让我可以使用专属的行政用车。这样，我就可以与团队一起乘车，在每次会议前查看简报，并进入会议场地内的安全区域。然而，有一个限制条件：我不能坐下。就字面意义而言，即我不被允许在任何体育场、活动场所或会议室就座。这听起来有些尴尬，甚至有些滑稽，但至少能让我做好自己的工作，我也确确实实参加了 2012 年奥运会的工作呢！

这份工作并不轻松，我却乐在其中。每天早上我都会早早起床，测试我们需要走的路线，因为每个地点都有它特定的入口和安检程序。有时，弄清这些路线需要花费我整整 1 小时的时间，这样我们就不必在日程中再抽出时间来处理路线问题。

到了晚上，我会与 YouTube 体育领导团队会面，回顾当天会议的所有要点。我们会制作后续简报，并为每个人设计和划分行动项目。这种情况会持续到深夜，然后我们会睡上几个小时，再重复一遍。当所有工作顺利结束后，我很幸运地获得施密特的慷慨邀请，在伦敦多待了几天，在现场观看了多场奥运赛事。我终于有机会坐下来，亲眼见证世界上最伟大的运动员们的精彩表现。

通过坚持和努力克服困难

我对运动员的出色表现深感敬畏，尽管他们的成长和家庭生活可能非常平凡。他们从小就必须学会拥有作为精英运动员的自信和专业知识。我坐在一些运动员的家人旁边观看游泳预赛，这些家属显然倾注了所有的心血来支持自己的亲人。

我坐在美国全能游泳运动员瑞安·罗切特（Ryan Lochte）父母身后的那一排座位上，亲眼见证他的奖牌数量不断增加，成为历史上获得奖牌第二多的游泳运动员。我还坐在一位日本游泳运动员的家人旁边，他没有机会赢得奖牌，但他实现了成为奥运选手的梦想。运动员家庭为了完成这个看似不可能的任务，牺牲了许多乐趣。运动员们也付出了巨大的代价，牺牲了睡眠、与朋友在一起的自由时间，还需要严格控制饮食，一遍又一遍不知疲倦地练习，追求完美和微秒级的进步，因为这些进步可能决定着他们在世界舞台上的成败。

我很喜欢和这些运动员的家人交谈，就像我喜欢看游泳运动员迈克尔·菲尔普斯在他的告别比赛中打破历史奖牌纪录一样。在这些运动员的故事中，让我印象最深刻的是他们如何面对看似无法克服的失败和挫折。他们都经历过严重的伤病、教练的离去、资金方面的困难，以及其他可能使他们完全脱离梦想的困境。但他们都没有退缩，而是顽强地抗争，让梦想成为现实，尽管困难重重，但最终取得了胜利。

我深知，运动场上的辉煌与商业领域的成功之间存在诸多相似之处。首先，你需要满怀雄心壮志，敢于想象自己的名字在体育场的聚光灯下熠熠生辉，或者希望自己成为公司 CEO 办公室的门面人物。其次，你需要具备坚韧不拔的精神，在受伤或面临资金困境时仍能坚守信念，不轻易屈服于他人的质疑与批评。最后，当你在竞争中已超越大部分对手时，仍需保持谦逊的态度，虚心接受明智的教练和导师的意见，以不断提升自己的水平，获得更高的成就。更为重要的是，**你需要坚守内心的原则并保持自信。这些力量源于你内心深处，无须外界的认可来证明自己的价值。**

我曾向一位英国职业足球冠军同事询问了他在球员生涯时期穿着球衣的感觉，以及当他走进球场时，人们高呼他的名字的感觉。他明智地回答，不能让这种情况影响自己。如果自己受到影响，很可能会在球场上出现失误而遭受全场观众的嘘声。在工作中，我也曾犯过许多让人难堪的错误，尤其是在比我更有权势、级别更高的人面前。幸运的是，我从未遭受过嘘声。想象一下，被成千上万人的嘘声包围，那该是多么令人难堪的场面。的确，他说得没错。如果我的价值仅与他人的意见和认可联系在一起，我将永远无法超越他们的期待。

当我犯错时，那些曾为我欢呼的人有时会对我产生怀疑，然而犯错是我学习和成长的必要部分。我必须依靠自己，在学习的过程中自我验证，并在内心衡量自己的进步。拥有冠军的心态是一个挑战，但我尽可能地保持在这种状态中。

在伦敦奥运会期间，我曾希望在商业领域取得重大成就。但事实上，我花费了大量的时间和精力，忍受双脚的疼痛，在疲惫不堪的状态下获得了许多宝贵的经验。自己在很多事情上并没有做好准备，也没有预料到。坦白说，我不可能通过其他途径获得这些教训，必须自己亲身经历并努力攻克难关。

在奥运会期间，我努力调整自己的沮丧情绪，并投入大量时间与主要决策者建立深厚的友谊。同时，我也学习如何应对那里的政治环境和传统的业务运作方式。虽然很多时候工作无法顺利往前推动，但我总能设法完成任务。更重要的是，我学会了明确自己的需求，以便下次能够更高效地行动。这些挑战与我在整个职业生涯中所面临的挑战颇为相似。

在前往俄罗斯和韩国参加冬奥会时，凭借多年的实践经验和人脉关系，我清楚地知道我们需要哪种安全徽章，需要提前预订哪项比赛门票，以及我们的团队在走廊上与世界各地的领导人、名人和政要交谈的最佳地点。这样，我们就能在正确的时间出现在正确的地点。

事实上，**优秀的运动员、CEO 和其他领域的成功者之间的共同点是，他们都通过审慎地承担冒险、勇敢面对尴尬以及不断突破自我能力的极限，来逐渐掌控自己。这就是他们成为主导力量的方式，也是他们在社交场合中掌握话语权的方式。**

多点“谷歌范儿”，通过颠覆结盟

投资自己的最好方式是充分利用跨部门合作项目的机会，无论这些项目看起来多么微不足道。这些项目能够帮助我们在整个组织运行过程中提升自己的技能并建立与他人的关系。我惊奇地发现，由于承担那些看似微不足道的项目而建立起来的人际关系，为我提供了改变职业生涯的机会。这种工作方式在我的职业生涯中不断重复。

在谷歌的第一年，我很快意识到，**要想在工作中取得真正的成效，除了建立核心团队之外，与其他部门的人员建立关系也至关重要。**在没有现代的文档化程序和系统之前，人际关系仍然是推动业务发展的关键因素。因此，我积极参与跨职能项目，以拓展人际关系网络并提升自身的项目管理技能。

主动承担跨职能项目

当梅耶尔和雪莉·桑德伯格还在谷歌担任高管时，她们联合举办了首届谷歌女性（Women@Google）讲座，后面又连续多次举办了该系列讲座。这是她们作为女性高管在公司内外建立思想领导力的机会，也是围绕重要问题展开对话的机会。知名演员简·方达（Jane Fonda）和格洛丽亚·斯泰纳姆（Gloria Steinem）等重量级嘉宾受邀出席了首期活动。我毫不犹豫地承担起了组织这次活动的任务，尽管自己对此毫无经验，也完全没有空闲时间，但我深知，这是一个难得的学习与成长的机会，能够帮助我更好地在谷歌这样的工作环境中完成任务，此前几个月我一直在努力提高自己的工作效率。

在我发现一个由志愿者团队组织的谷歌演讲（Talks@Google）活动之前，我曾无意冒犯了团队里的一些人，这个团队负责策划和举办与作家、名人、科学家等人的会谈。在他们的帮助下，我成功地策划并举办了谷歌女性讲座，并妥善处理了与外部嘉宾对接、安全、广告、图书采购和音像等方面的事宜。

从各个方面来看，这次讲座都是成功的。梅耶尔和桑德伯格成功地成为思想领袖，我的任务也圆满完成。此外，我还在公司的几个团队中结交了一些朋友，并为未来的大型项目积累了一些宝贵的资源。

作为谷歌演讲项目的初创成员，我在谷歌工作了 12 年，通过这个兼任项目，逐渐掌握了管理大型现场活动的技巧，虽然在这个过程中我犯了很多错误，但这也促使我不断优化自己的工作方式。我在早期组织会谈时取得的成功经验，让我能够迅速从工作失误中汲取教训。

我与喜剧演员柯南·奥布莱恩（Conan O' brien）共同主持的演讲曾大受欢迎，活动场地只有几百个座位，却有上千名员工在场外排队数小时。后来，我与内部传媒团队紧密合作，建立了一套高效的系统来应对此类高需求活动，以节省员工的宝贵时间。为了解决座位分配问题，我制定了一个提前预约座位的抽签机制，并通过与 YouTube 团队合作，开通了在线直播功能，使未能预约到现场座位的员工也能在工位观看演讲。这样，我们成功地将这些独家活动免费呈现给了更广泛的用户群体。

此后，我曾亲自组织并主持了公司内部的多场演讲，邀请了奥巴马、演员蒂娜·菲（Tina Fey）、希拉里和知名脱口秀主持人斯蒂芬·科尔伯特（Stephen Colbert）等嘉宾。这成了我在谷歌工作时最喜欢的福利之一，也是我在整个公司建立人脉的最有效方式。与这些具有世界性影响力的人士的直接交流，让我备受鼓舞，我不仅为自己创造了宝贵的机会，也为公司带来了新的可能性。

在这些活动中，最令人难以忘怀的是在 2008 年美国总统选举期间，我们成功地组织了一系列主要总统候选人的演讲，并将这些演讲发布在谷歌演讲团队的 YouTube 频道上，以便全美的选民可以观看并了解相关信息。总统候选人奥巴马、希拉里和约翰·麦凯恩（John McCain）分别接受了施密特的采访。我事先与特勤局进行了协调，做好园区的安全保障工作。我非常荣幸能够在奥巴马上台之前亲自带领他快速参观我们的园区，让他了解谷歌独特的工作文化。

这些跨部门合作的努力不仅对我个人有帮助，而且为公司未来数年的成功带来了意想不到的机会。

奥巴马当选美国总统后，我们相关部门开始协调配合并定期举行会议。我永远不会忘记施密特和我第一次去白宫参加政策会议并建立关系的日子。

进入白宫的体验就如同电影中的情节一般。我们的车辆经过数个安检站的仔细搜查后才获准进入。接着我们收到了带有安全级别颜色编码的安全徽章，然后步行前往接待处。

那天，白宫西翼主服务台的接待员是一位聋哑女性。她旁边有一位翻译和她一起接听电话，并负责管理到访的高管和政要。我喜欢观察他们一起工作的方式，配合得十分默契。然而，我因试图细细品味这次独特的经历而差点错过了重要时刻。当威尔士亲王查尔斯[1]从西翼走出来，经过我身旁的门时，我才尴尬地发现自己竟然是最后一个站起来的人。接下来，就该轮到我们了。

① 1958 年被封为威尔士亲王，2022 年成为英国国王。——编者注

在与奥巴马总统的私人秘书费里尔·戈瓦希里（Férial Govaširi）会面后，她亲切地问我是否想进入总统办公室。我当然不会错过这个机会！我永远不会忘记走进总统办公室的感觉，以及那米色长毛绒地毯带来的触感。我轻轻地触摸总统的办公桌，感受这个房间所承载的历史。这张桌子是 1880 年维多利亚女王赠送给拉瑟福德·伯查德·海斯总统的礼物，约翰·F. 肯尼迪总统和吉米·卡特总统也曾使用过。作为一名在美国空军基地出生的美国女性，这一刻对我来说意义非凡。

在总统办公室外，距离那个神圣的房间仅有两步之遥，我和奥巴马的工作人员一起享用了午餐。那一刻让我深刻地认识到，只要愿意投入工作，那些看似微不足道的事情也能让你有机会跻身于世界领袖和变革者的行列。

太多人被华而不实的头衔和看似有威望的项目所迷惑，而忽视了长远的发展。我有很多朋友，他们事业上的重大突破都来自 10 年前与他们一起实习的人。因此，投资人际关系至关重要，通过结识更多的人和掌握更多的技能，你的关系网将更广。

一旦掌握了跨职能技能，你就有机会与比你高一两个级别的高管合作完成一个你们双方都没有做过的项目，这是晋升和建立高层关系的有效途径。这样，你就能成为任务控制中心的核心成员，就可以在一个更公平的竞争环境中工作，消除职责之间自然存在的障碍。同时，保持谦虚、善于学习和合作也是至关重要的，否则你可能会在不知不觉中限制自己的发展潜力，并疏远那些你想要建立尊重关系的人。

领导和参与创新项目

2012 年，施密特想要做些颠覆性的事情，当时我们在谷歌新设立的职位还处于起步阶段，他担任执行董事长，我担任首席顾问。我很高兴有这个合作机会，因为这个项目对我们俩来说都是全新的，我们可以分享想法，一起进行头脑风暴。这是一个难得的机会。

施密特想要举办一个与众不同的会议。在他 20 多年的职业生涯中，他年复一年地参加着同样的会议，和一群“老年白人”说着同样的话。我们设想了一个会议，让来自各行各业的专家和世界上极有影响力的人聚集在一起，自由地讨论想法，没有任何议程，只是聪明人与聪明人之间的交流。我们希望通过这些新建立的关系，能有一些改变世界的项目自然涌现。

这个会议后来成为谷歌一年一度的盛事。施密特邀请了他最亲密的 5 位同事和他一起主持这个活动，并负责挑选与会者。与会者是来自各行各业的世界级杰出人士和极具影响力的人物，包括记者、作家、国家元首、经济学家、科学家、摄影师、艺术家、音乐家和电影制作人等，他们都在各自的领域获得了最高奖项。

在会上，我们深入讨论时事，激辩全球政策，最重要的是建立了新的、跨学科的友谊。这些友谊将成为未来几年全球合作项目的种子。虽然这是一项艰巨的任务，但我深信，为创造能够切实改善现实世界的成果，所付出的长时间努力和承受的压力都是值得的。

为组织这样的活动，我的整个团队需要投入大量的时间，运用项目管理技能，并保持极大的耐心。在第一年，我们聘请了一位经验丰富的活动策划人。她管理过施密特经常参加的外部会议，她的管理方式给施密特留下了深刻印象。我们希望她能以承包商的身份帮助谷歌实现现代“联合国会议”的愿景。

我非常高兴能够与她合作，并从她举办精英会议的经验和卓越的领导能力中学习。然而，她从一开始就与我们团队的文化不那么契合，这给每个人带来了很大的压力和挫败感。

她长期处在一个信息孤立、层级分明、缺乏信任和透明度的企业文化中，这与谷歌高度协作、开放包容、管理结构扁平化的文化截然不同。

当谷歌的员工们分享头脑风暴文档、联系人列表和项目管理跟踪表时，这位承包商却拒绝分享她的任何工作成果，导致我们总是处于无法同步的状态。

她想成为唯一一个向施密特提出想法的人，但这与施密特的领导风格和我自己的观念相悖。她将所有东西紧紧地掌握在自己的手中，使得任何人都不可能有效地做出贡献。这让团队成员们不断感到不被尊重和不被重视，我们团队的贡献也因此被削弱。

从与会者的角度来看，第一年的会议取得了巨大的成功，但对我们这些组织会议的人来说，却很难感到自豪。会议背后的压力和冲突让我们深感疲惫，而当这一切结束时，我如释重负。

这次经历堪比一堂宝贵的大师级课程，教会了我们管理团队项目时需要避免的问题，以及如何更好地适应我们所服务的组织文化和价值观。

从那时起，我们内部自行管理会议，不再从外部聘请活动策划人，不论是策划的过程还是结果，都与之前截然不同。我们在活动策划和团队合作中都体验到了颠覆性的乐趣。

即使是那些参加过第一年的会议并乐在其中的参与者，也对第二年的体验改善给出了极高的评价。我们的工作展现了对彼此的尊重与重视，而个人的才华也为整体的价值增色不少。虽然准备会议的过程充满艰辛，如深夜加班和细致的策划工作，但乐趣亦在其中。

大多数科技公司因系统创新而闻名，这主要得益于两个因素。其一，高层管理人员通常会明确传达公司的使命和愿景，为员工提供清晰的方向。其二，这些公司通常拥有顺畅的渠道，让员工能够自由地提出和分享想法，从而实现自下而上的创新。

这就是那位活动策划人的做法在我们这个注重协作的谷歌团队中遭到抵制的原因。最好的想法往往来自新员工，新员工通常能够以更新的视角看待公司的使命和自己的工作成果，他们不受传统思维和“一贯的做事方式”的限制。这种新颖的视角能够激发更具创造性、创新性的解决方案，这是经验丰富的团队成员难以做到的。

尽管我们的团队合作得非常好，但也并非没有经历挫折和成长的烦恼。随着时间的推移，我渴望从负责活动复杂后勤事务的角色，转变为对议程内容和嘉宾名单有更大贡献的角色。

我专注于提名那些来自不同专业背景、资历、性别、宗教或地区，并对会议目标有独特贡献的潜在参与者。我希望能够将那些目前未被充分代表的声音引入对话和体验中。此外，我还努力提出一些自认为需要得到全球关注的话题建议。

尽管我得到了尊重，但我仍然感到失望，原因是我们小组的一些成员总是阻挠我的工作，他们希望维持现状，继续掌控一切，并固守在他们的个人关系网中。

我一直秉持团队合作的理念，所以并未过多计较这些小事。每年，我都试图通过议程和独特的声音为会议的使命做出实质性贡献，但我感觉自己并未在这个领域做出真正有意义的贡献。我认为第一年的文化氛围已经根深蒂固，虽然自己付出了最大的努力，但仍然无法打破这些障碍。

这是我在谷歌很难得的一次经历，我深感挫败。在参与举办这个活动的 7 年里，我推荐的与会者中只有 3 人受到了邀请，我提出的议程主题没有一个被采纳。

这意味着我没有达到个人目标，即有效地使与会者群体或会议主题多样化，而这正是这项会议的核心宗旨。我们举办的会议与原先试图取代的会议过于相似，演讲者依旧是那些“老年白人”。这是我第一次意识到我的下一次成长可能需要在谷歌之外发生，但我花了 5 年多的时间才迈出这一步。

即使公司有着坚实的合作文化，也可能会遇到一些意想不到的障碍，这些障碍需要我们积极地去识别和消除。**作为领导者和核心贡献者，我们需要不断地对自己的做法、政策和习惯进行质疑，以确保我们正在为组织中的新晋人才创造一个良好的成长环境。**

自我进阶指南 BET ON Yourself

审视自我

你是否有方法跳出传统工作框架，开拓新跨部门合作项目？是否能找到一种双赢的途径，既能够减轻团队或经理的负担，又能让你有机会学习新技能或者以新的方式发挥领导作用？在拓展技能方面，你如何确保在学习过程中即便犯错误也能保持冠军心态？你是否有机会获取关键技能或专业知识，从而使你有资格成为项目的关键参与者？你是否可以通过颠覆式创新来解决目前效率低下的问题？在你的公司或行业中，有哪些机会可以提升你的影响力？你如何与背景各异的伙伴建立有益的合作，实现共赢？

把握机会

在本周内，你可以与哪些利益相关者沟通，使跨职能项目获得批准？

拥抱挑战

与你的经理共同制订一份详细的成长计划，该计划将使你接触到新的团队、项目、技能和专业知识，推动你的职业发展并引起他人的关注。

BET

ON

yourself

第 7 章

不冒险就没有成长的可能

如果你总是房间里最聪明的人，

那你就不该待在那儿。

21 世纪初我在亚马逊工作时，第一次体会到贝佐斯大胆冒险的胆识，当时他不仅创造了电子商务的黄金标准，还成立了蓝色起源公司。然而，直到我在谷歌工作，我才真正了解到“登月计划”的过程：我每周都会留一天和谷歌 X 团队坐在一起，10 多年以来，我看着他们发明了影响我们未来生活的技术。

谷歌 X 位于一栋几十年前曾是一个购物中心的建筑内。布林要求设计团队保持简约和实用的设计风格，这有别于谷歌在其他地区色彩鲜艳、内饰设计专业的风格。谷歌 X 实验室的墙面很少，主要结构是光秃秃的混凝柱，前期施工阶段留下的喷漆标记以及从天花板上垂下来的电缆和光纤随处可见。整个空间看起来清冷却充满了活力和动感，就像一个飞机库。这里到处都是线路、模型和各种零件，随处可见汽车的全尺寸模型、激光器、摄像头、气象气球以及一些难以辨认的装置。楼梯蜿蜒穿过建筑中央的敞开式中庭，连接着疯狂科学家们的实验室，宛如置身于苏斯博士（Dr. Seuss）[①] 的童话之中。这里的氛围是如此浓烈，能

① 苏斯博士，美国 20 世纪最卓越的儿童文学家、教育学家之一，其创作的几十种教育绘本成为西方家喻户晓的早期教育作品。——译者注

让人真切感受到。

高层领导战略团队的会议从谷歌的主办公区搬到这里的目的很明确，就是确保高层领导能接触到全新而纯粹的环境，为创新思维做好准备。高级副总裁的直接下属，包括我在内，都被安排在会议室外的一个大型开放区域，并在站立式高桌子上面办公。我们像一群蜜蜂一样忙碌，互相了解，交换想法，制订计划并展开合作。这种变化的节奏和环境让我们的工作效率大幅提高，后来我们干脆在那里举行每季度的董事会会议。这是我们努力保持创新、创造性，甚至颠覆我们自己以前的最佳实践的方式。

在我的职业生涯中，有幸接触到许多积极迎接和主动寻求行业颠覆的人，他们不仅能够忍受每天都在努力创造尚不存在的事物的不确定性，还能忍受必然的、不断失败的循环。这些失败成了他们下一步行动的指引。

事实上，这些做法帮助谷歌 X 发明了改变世界的技术，类似的做法也可以应用到个人的生活和职业抱负中。正如美国黑人民权运动领导人物马尔科姆·艾克斯（Malcolm X）所说："未来属于那些今天为它做好准备的人。"虽然他当时是在特指 1962 年美国的民权运动，但这个原则同样广泛适用于如今的各个领域。**如果我们渴望在未来有一个机遇，我们就需要尽早采取行动，而不是选择走捷径。未来的机会往往需要你在很早之前就果断地做出预判。**

我很早就意识到，我不能被动地等待机会来实现自己的梦想。为了将来在工作中有用武之地，我必须通过今天的基础工作来学习并掌握必要的经验。在这个过程中，失败是不可避免的一部分。

在亚马逊和谷歌工作的生涯中，我一再看到能有助于未来自己创造突破性机遇的 3 个关键因素。

职业生涯中的关键投资

BET ON *Yourself*

- 保持永无止境的学习态度。
- 寻找让你最不安但又最兴奋的事情。
- 尽早投资自己。

一个人未来是否能成功，在于他是否愿意学习、尝试、失败，并不断重复这样的循环，直到能够使结果符合预期。**挑战学习新技能并掌握它们，本身就是一种回报，而且还使我们有资格在未来取得更高的成就。**

一直以来，我的工作理念是，工作给予我的回报应当等同于我为它付出的辛劳。这绝对是一个很高的标准！我付出时间、努力并承担风险，就应该得到技能、成长和晋升等回报。这其中的秘诀在于，我必须亲自主导并要求这种交换。这并不会自动发生或被动地实现，而是取决于我知道自己想要学什么，想要成为什么样的人，然后大胆地追求。

问学不止，不要拒绝任何可能性

贝佐斯是我们这个时代最成功的 CEO 之一，这绝非偶然。他具备惊人的天赋、智慧和自驱力，而他的与众不同之处在于他培养这些能力的方式。在亚马逊工作时，我每个季度都会为他组织一次为期一周的思维静修，这是在我入职之前他就形成的习惯。他会去附近的一家酒店，把自己关起来，远离平常的工作日程、他的团队和家人。

贝佐斯向我解释说，他需要安排一段时间来清理他思绪中的杂乱和噪声，为创新的想法腾出空间。静下来是他创造过程中不可或缺的一部分。他带去的唯一的东西就是空白的笔记本和一支笔。前半周，他会摆脱外界的影响，如报纸、书籍、电视或人际交往，专注于深入思考。后半周，他将用这本笔记本记录澎湃涌动、不加修饰的想法。静修结束后，他会带着笔记本回到办公室，上面写满了颠覆性的想法和战略，在接下来的一个季度，我们会把这些想法和战略付诸实践。

值得注意的是，贝佐斯经常在公司发展最关键的时刻，选择短暂离开公司去静修，其他人则可能会被高薪诱惑而选择留在公司加班。贝佐斯非常明智，他知道他自身最大的资产是他的头脑，他需要有一个地方，让他能够充分发挥他的内在力量和聪明才智。当他回到办公室时，他的工作效率总是极高的，他创造的价值远超他离开办公室的那段时间的损失。即便在20多年后的今天，每当我看到亚马逊推出什么新产品，而这些新产品的理念或许正来自贝佐斯的静修，我都会感到高兴和自豪。

在职业生涯的不同阶段，我实践了自己的思维静修方式。在我刚开始工作的时候，期望公司每季度给我一周的时间去思考是不合理的。事实上，在我职业生涯的最初阶段，我甚至很少留出时间享受午餐，但那是我一时的短视之过。最终我领悟到，**平衡和照顾好自己是确保自己始终保持价值的最佳途径。**

在与梅耶尔共事的日子里，我们每人每周工作 100 至 130 个小时。从这段经历中，我学到的最宝贵的一课是专注于她所说的“找到自己的节奏”。她时常主动询问她的直接下属，了解他们在繁忙工作中的需求，避免他们感到疲惫或产生不满。举个例子，梅耶尔的一位直接下属是一位 3 个年幼孩子的母亲，她愿意管理在“印度硅谷”班加罗尔的一个关键项目，即便这需要她在凌晨 2 点参加定期视频会议，只要她能和孩子们共进晚餐并陪伴他们入睡，她就可以安心工作。她看重的是能够成为孩子们的贴心母亲，又是公司中最具战略性增长项目的领导者。这就是她的“节奏”。当梅耶尔了解每个团队成员看重什么后，会在工作之外为他们创造愉悦的时光，成为那段时间团队成员们最坚定的支持者。虽然这并没有帮成员们完全实现工作和生活的平衡，但可以使每个人都能跟上节奏，能够保持长久的愉悦感。

基于这种文化，我也为自己创造了一些仪式，这些仪式激发了我内在的活力，使我能够应对紧张的工作节奏。我第一次将照顾自己列为优先事项。我坚持每天早晨至少锻炼 1 小时，使自己处于最佳状态。我需要持续活动身体，以便于激发自己大脑中最具创造性和问题解决能力的部分。在职业生涯的后期，当我成为一名管理者时，便开始设定自己工作时间的界限，以便能够摆脱工作，适时放松，同时我还要求我的团队成员也这样做。我甚至设定了一个团队目标和关键结果，即我们每个人都要在工作之外拥有一个特定的爱好，创造各自的节奏，为自己重新充电。

如今，作为一名企业家，我对时间的运用更加自由，我扩展了早晨的例行活动，除了日常锻炼之外，每天早晨我还留出 1 小时用来获取灵感。在这段时间里，我通常会阅读文章或书籍，或者听播客，然后，我会再花 1 小时记录下我想要在我的公司或我客户的公司中实施的想法、理念和体系。每天早晨保持这样的仪式能够使自己以开放的心态和创新的问题解决方式开始新的一天。这种持续投资自己的做法彻底改变了我的工作和生活。

具备学习心态

贝佐斯是我身边的榜样，他向我展示了对心态的重视以及如何保持敏锐意识。尽管我在亚马逊工作的那些年，从未听到有人讨论过心态。这完全是通过榜样学到的。2006 年，卡罗尔·德韦克（Carol Dweck）① 出版了她的奠基之作《终身成长》（*Mindset*），这本书为我提供了一个框架，帮助我深入理解贝佐斯那改变世界的生活和商业方式背后的逻辑和理念。他日常选择和习惯中展现的东西改变了我的思维方式，让我在生活和职业中成为一个敢于冒险的人，尽管我本性胆小。

因为在亚马逊辅助贝佐斯是我大学毕业后的第一份工作，当时自己仍深受绩效心态的影响，即我的目标和动力建立在表现出色的期望基础上，就像在学校考试取得好成绩一样，这样我既可以赢得赞誉、在同辈比较中占优势，还能因此进一步激励自己，让自己表现得更好。然而我在贝佐斯和亚马逊的同事们身上注意到，这是一种有局限性的心态。虽然绩效心态在我设定目标和追踪成长方面很重要，但它也使我因害怕表现不完美而回避冒险。

① 卡罗尔·德韦克，美国斯坦福大学心理学教授。他率先提出“成长型思维模式”（又译为“成长型心态”）理论，该理论鼓励学童积极评估及发展自己的潜能，在教育界影响深远。——译者注

我意识到，如果我因为害怕表现不好而回避新项目，将错失在亚马逊这样的公司工作的最大乐趣，剥夺自己发现新才能、磨炼尚不成熟的技能的机会，同时也会让自己无法充分享受身处现代电子商务初创中心的刺激和乐趣。

我承认自己仍然会受到绩效心态的引诱。作为一个完美主义者，我最大的恐惧就是在我在意的人面前显得愚蠢。在职业生涯中，我学会了无须在乎周围每个人的看法。**真正重要的意见只来自我自己和一些关键的利益相关者。**

贝佐斯是拥有学习心态的典范。事实上，“学习并保持好奇心”是亚马逊的 14 项领导力原则之一，员工的表现就是根据这些原则来衡量的。他将从每项工作与身边人汲取知识的机会置于首位，力求最大程度地充实自我。在贝佐斯的所有会议中，他都要求提前准备详细的议程，以及有关主题的书面报告和研究建议，每个人在会议开始时都会自行阅读。PPT 在会议中是被明令禁止的。这些书面报告需要满足贝佐斯对数据驱动决策的执着追求。这些报告使我们不被演讲者左右，而是关注事实和积极辩论。而且，撰写一份 6 页的备忘录（这是允许的最长篇幅）比制作一份 20 张的 PPT 要困难得多，因为它要求你对涉及的问题有更深刻的理解和得到充分阐述的论点。出于相同的原因，在谷歌和其他科技公司，会议上禁止使用 PPT 也是常见的做法。

这样的准备流程确保了与会的高管们能够获得做出明智决策和评估风险所需的事实依据。在向贝佐斯汇报工作时，我们也在团队会议上采用了这一方法，就像他的高级副总裁们所做的一样。我们向他提出的每一个问题都伴随着深入研究的、拟议的行动方案，以供讨论和批准。这样，我们就永远不会向贝佐斯提出一系列的问题，而是始终专注于发现问题并提出解决方案。

我领悟到，**做好充分的准备工作、形成独立观点并让自己的声音被听到的好处，远远超过了怕犯错所带来的恐惧。**我花了几个月的时间才克服了在我们日常团队会议上向贝佐斯提出或许是错误建议的犹豫。我的担忧并非没有道理。如果贝佐斯认为你没有仔细思考或没有做好某事，他从不吝惜言辞。如果你让他的评论影响到你，他的话确实会直击你的内心。你必须迅速培养自己强大的内心，有效地与他合作，不让他对你的质疑动摇你的信心。最终，无论他的话听起来多么刺耳，这些话都会使你成为更好的思考者。

将学习转化为行动

在我早期的职业生涯中，仅仅靠自我强加的学习还不够。我必须真正采取行动，将在学习和研究中所获得的知识付诸实践。回首往昔，我明白了自己在亚马逊的大部分成长都来自志愿参与那些远超出自己职责范围的事务。例如，我帮助协调了贝佐斯参与亚马逊珠宝店与希尔顿酒店集团继承人帕丽斯·希尔顿（Paris Hilton）共同举办的发布活动时的相关事宜，那时的希尔顿正处于她事业的辉煌时期，刚刚推出了她自己的珠宝系列产品。我还深入参与了亚马逊体育用品页面的上线工作，包括在纽约中央车站与网球明星安娜·库尔尼科娃（Anna Kournikova）一起参加媒体活动，当时她刚刚代言了一款运动文胸。

毫无疑问，没有人记得我在这些早期启动活动中的贡献，我自愿承担的任务大多是看不见的。但对我来说，这都是宝贵的成长机会，能够让自己学到如何组织全球性的活动，如何协调跨部门项目，了解全球扩张的运营流程是如何运作的，以及不断深入地领悟我们在 CEO 办公室的工作直接关联到我们为客户提供的服务质量和效率。

这种联系激发了我作为一名新员工和团队成员想更深入地参与的意愿。这通常意味着我得面对极度紧张的情境，得参加一些长达 18 小时的工作，但当我看到自己通过这种方式学到了无法通过其他方式获得的知识与技能时，我觉得这一切都是值得的。如果我保持被动，并始终限制在自己角色的边界内，那么许多一生中仅有一次的机会将会与我擦肩而过。

我决定让冒险成为工作中的常态。当我加入谷歌时，我重复了这种模式，并为自己创造了一个远超职责范围的角色，也正因为承担这样的角色，让我有机会对发布全球性的产品产生了积极影响，否则这些发布活动永远不会委托给我。

我必须学会不畏惧任何事，尤其是自己的想法遭遇到沉默质疑的时候，然而这种情况经常发生。我意识到，人们如何看待我，特别是在我早期的职业生涯中，这完全取决于我自己。这是一个需要时间和持续努力的过程，而这往往是最困难的部分。始终保持勇敢是很困难的，但是随着时间的推移，当我的团队成员看到我不断为团队创造价值时，我的观点逐渐被接受，最终还会受到重视。愿意忍受并改变自己价值认知的漫长过程是最艰难的部分。

我早就知道，自己希望被视为一个有创造力、无畏和足智多谋的思想领导者，即使我是房间里最年轻的人。我最终发现的真相是，**如果你**

总是房间里最聪明的人，那你就不该待在那儿！在那里，你没有成长的空间！这时候，你需要勇敢地离开，并将你的椅子挪到另一个桌子旁。

对于邀请，我总是会来者不拒，即使它让我感到非常不舒服，我同时也会抓住能够扩大自己视野的机会。我曾经与全球各行各业的专家共处一室，包括获诺贝尔奖的科学家、国家元首和其他名人。在为施密特工作的10年里，我看到他在每次对话中始终展现出对知识的渴望、尊重和谦逊，自己也深受影响。为了发挥我的潜力，我下定决心也要做到这一点。

施密特在谷歌的办公桌上放了一块牌子，上面写着："如果有可能，就说'好的'。"的确，他每一天都按照这个信条践行着。这句座右铭不是让你拼命工作，而是让你将学习经验看得高于一切，走出自己的舒适区。施密特愿意尝试任何事情，去任何地方，与任何能让他接触新视角的人交谈。他不允许潜在的不适或尴尬成为决策的一部分。我同样认可这个座右铭。

施密特始终在新的领域，通过做一些他从未尝试过的事情来学习并提升自己，他经常渴望新的冒险。然而由于他长期保持这种积极探索的态度，对于他来说，找到一些他从未做过的事情可能会有些困难。举一个很好的例子，在成为谷歌CEO之前，他意识到作为一名高管，他生活中的大部分时间将在飞机上度过。他决定，与其把生命耗在乘飞机上，倒不如去做其中有趣的部分，也就是驾驶飞机。因此，他学习并完成了飞行员培训，并逐步晋升为会开数种飞机的全执照飞行员。

现在，当他飞行出差时，他几乎总是使用私人飞机，以保持自己的飞行技能。对我来说，和他一起参加一场艰难的谈判会议，随后驱车前往机场，登上飞机，看着他坐在驾驶座，而我则坐上副驾驶座准备迎接我们抵达后的下一场会议，这一切总是让我感到惊叹不已。在飞行的经停时段，施密特会过来和我一起审查简报文件，之后继续他的“执飞”工作。

后来，驾驶喷气飞机对施密特来说已经不够具有挑战性，所以他决定要学会驾驶直升机。想到我与贝佐斯有过糟糕的直升机经历，我告诉施密特，如果他要学直升机，我就辞职，然而他把我的威胁当作玩笑，还是去学了。每当他参加直升机培训或进行其他认证考试时，我一整天都会紧张不安。我确信自己的指甲印仍然留在他直升机后座的扶手上，那是他第一次带着我从曼哈顿飞往泰特波罗机场①，虽然只飞了7分钟。

将所学应用于实际工作

2013 年，大约在施密特获得直升机飞行员资质 1 年后，我们的团队访问了 6 个非洲国家，并与这些国家的领导人会晤，讨论我们如何帮助他们从全球网络经济中受益。我们称这个项目为“下一个10亿用户”。

我们估计，大约有 10 亿生活在第三世界国家的人即将实现首次上网，我们想要确保谷歌在开发产品时能充分考虑到这些地区居民的需求。这些新的互联网用户几乎都是通过手机这类设备上网的，之前并没有使用过台式机或笔记本电脑。这种技术入口只能支持他们使用一段时

① 泰特波罗机场坐落于美国新泽西州卑尔根郡，距纽约市曼哈顿中心区仅 19 千米。——译者注

间，很快他们就将需要更先进的互联网连接，因为正在设计的移动应用程序所需的宽带会逐渐超出旧系统所能够提供的范围。

我们希望鼓励这些发展中国家的领导人投资必要的基础设施，为他们的人民创造网络经济环境。我们鼓励他们在安装水管、下水道和电力线路的同时铺设光纤电缆，以实现快速、可访问的 Wi-Fi 连接。这不仅将为谷歌提供更多的互联网用户，还将为这些人口提供新的获取信息、教育和数字经济的途径。

谷歌在肯尼亚首都内罗毕有一个办公室，当时那里有大约 20 名员工。我们先是在谷歌办公室工作，了解那里的员工，聆听他们所面临的特殊挑战、正在进行的项目和将要实现的目标。之后，我们前往当地一所大学，向该校师生介绍未来创业的前景以及谷歌为肯尼亚的初创公司所提供的支持。

我们整个访问的核心都放在尽可能多地学习和体验上。我不想让这次访问成为一场象征性的旅行，或仅仅是观察情况。我意识到要想真正产生影响，需要允许自己感到不适，于是我开始主动提问，发表意见，并引发一些微妙的讨论。一开始对我来说很不舒服，因为我想保持尊重，也不知道如何解决这些发展中国家的复杂问题。我不得不强迫自己在会议的前 5 分钟内就发言，而这只是为了克服内心的恐惧。当我这样做了之后，房间里的每个人都放松了。我的独特声音改变了会议的氛围，将原本与施密特这位有钱有权的世界知名人物对话的会议，变成了一场同行之间真诚探讨如何做出正确行动的对话。结果证明，我虽然资历浅，但这实际上是一种优势，而不是弱点。

这些互动带给我们的新观点改变了我们在接下来的几年里开展全球工作的整体方法。当我们在非洲时，想要了解偏远村庄是如何利用移动技术的，我们去参观了靠近马赛马拉野生动物保护区（Masai Mara Game Reserve）的一个村庄。由于施密特会开直升机，我们得以顺利进入这个村庄，降落在他们手工建造的泥屋和羊圈之间。他们用自己制作的珠宝项链欢迎我们，甚至为了我们的到访宰杀并烹饪了一只山羊。当我跟当地男性聊天，甚至在宰杀山羊时也在场时，他们感到震惊，因为这样的场合通常是不允许女性参与的。由于我早已习惯了作为团队中唯一的女性，以至于我没注意到其他人的离开。

这是我们在非洲访问的众多偏远村庄中的第一个，看到他们如何将古老的习俗与现代技术结合起来，我们惊叹不已。在肯尼亚、卢旺达、南苏丹、乍得、科特迪瓦和尼日利亚的偏远地区，我们看到全村人需要共享一部手机，用来获取天气信息以确定收割时间，获取医疗信息以替代无法接触到的医生，以及使用教育工具培养他们的年轻学生，尤其是那些无法进入传统学校的女孩。他们的智慧、创造力和天生的创业精神让我印象深刻。

自从那次经历后，每当我感到自己在职业生涯中停滞不前时，就会问自己：目前有多少时间是待在自己的舒适区的？我只是坐在那些我已经具有权威的房间里吗？然后，我会仔细查看我的日历和任务列表，并进行计算。

我发现，如果我花费超过 80% 的时间在自己已经完全擅长的任务上，那么我知道是时候提升自己的水平了，是时候迎接下一个挑战，再次让自己兴奋不已了。

做让你极度难受又极度兴奋的事

我见证了一些卓越领导者在他们发展的早期阶段的经历，他们通向成功的道路并不像回顾时看起来那样顺利。但他们所有人都有一个共同点，那就是致力于成为终身的学习者。

每天早晨，我都会穿过42号楼的大厅，经过办公楼二楼的CEO办公室，途中会经过佩奇和布林在1996年斯坦福宿舍楼里建造的原始服务器的陈列区。每当有客人来访时，我总是从那里开始导览，让他们看到谷歌的诞生地。这些珍贵的服务器仍然保存在它们最初的机箱里，机箱是用乐高搭建的，用旧纸板隔热。它们每天都提醒我，这两个勇敢的人是如何出发改变整个世界的。我们每天都保持着这种研究者般的探索精神，不断质疑、学习、转变并付诸行动。

敢于标新立异

2004年，也就是我加入谷歌的两年前，佩奇撰写了《创始人首次公开募股信》(*Founders' IPO Letter*)，将其作为谷歌股东的使用手册。作为一位早期的在职员工，这封信的开头很容易记住，因为这些话几乎每天都被重复着。它的开头是："谷歌不是一家传统的公司，也并不打算成为一家传统的公司。"每当我阅读那封信时，都会引起我的共鸣，因为在谷歌早期，每个员工都通过自己的日常工作体现这个使命宣言。现在，在我离开谷歌之后的创业中，它也是我一直尽力依从的座右铭。

谷歌的创始人早就认识到，有意识地提醒人们对他们寄予期望是必要的。正是通过这种方式，他们吸引了合适的投资者来支持他们独特的创业之路。这条路与其他任何道路都不相同。

正如佩奇在那封信中所描述的，我仍然致力于通过我的工作“开发能够显著改善尽可能多的人生活品质的服务”。当我在谷歌工作的时候，每一天都感觉很重要。因为这让我切实感到每一个项目都有可能让世界变得更好，这也是信中承诺的。这种责任感和可能性让每一个员工都全身心投入，满怀激情，无论他们的角色是大是小。

佩奇因将激情驱动的冒险情绪描述为“令人不安的兴奋”而闻名。这种哲学在我职业生涯和生活的每一个阶段都给了我指引。在谷歌的早期岁月里，当我在产品团队工作的时候，这种理念帮助我得以应对公司不断变化的优先事项。我们会全心全意地投入一个产品中，尽我们最大的努力做到将产品完美发布，即使未来可能会决定取消该产品，以便将资源和注意力转向更新一代的产品和想法上。这种过山车般的经历教会了我享受整个过程，无论是高潮还是低谷。

在公司内部，想要因成就而受到认可，被视为值得获得晋升和投资的人才，关键在于创造一份成长履历。**成长总是发生在我们的舒适区之外，因此我经常寻找那些超越自身当前能力的项目。只要我明白最终目标对自己意味着什么，这个过程就会从难以忍受变得令人兴奋。**

在谷歌的第二年，我决定完全接受谷歌的这种理念，并提出了一些建议，这些提议超出了我的舒适区，但我深感这些提议可以提高我们团队的效率并帮助我成长。在整个产品团队中，梅耶尔负责消费者产品团队，我注意到由于我们的工作节奏很快，她在团队内部的许多倡议仅渗透到了管理层的一两个层级。我们团队中较低层次的员工并没有参与到这个过程中，导致工作效率低下，与其他团队脱节。

在梅耶尔主持与她的直接下属进行的每周管理团队会议的同时，我向她提出了自己的意见，我应该与所有相应的执行业务合作伙伴会面，讨论这些倡议将如何影响他们的团队以及如何实施它们。

自己主动承担这个责任是一次经过深思熟虑的冒险。我以前从未做过这样的事情，所以我必须相信自己有足够的能力，能够想出如何实施战略、制订有效的议程，并创造出能为我们节省时间的东西，而不是在忙碌的工作中增加另一个行政步骤。

一开始，我的执行效果不佳，我不得不学会如何赢得同事们的尊重，并向他们证明我在那里是为了使他们更有效率，并代表他们说话，而不是作为评判者或“间谍”。我花费了整整 6 个月的时间尝试不同的会议形式，建立一对一的信任关系，学会将团队战略分解到个体贡献者层面。即使过去了这么多年，这些同样是我今天在日常工作中与咨询客户打交道时使用的技能。

尽管会议形式花费了几个月的时间才得以完善，但主持这些会议能让我第一时间了解哪些方面进展顺利，哪些团队处于挣扎之中，需要指导或额外的资源。因为我能够提出如何改进的明智建议，能够改善团队的运作，这帮助我成为消费者产品团队中更加高效、有价值的一员。我有目的地将自己从被动的角色转变为积极主动的角色，这培养了我自身的战略专业知识，并让我有机会成为领导者和值得信赖的团队角色。

在当前的环境下发挥领导力

由于我的积极主动，我和梅耶尔之间形成了一种合作关系，她从上而下为团队提供指导，而我从下而上推动她的战略得以实施。这明显提高了我们团队的效率以及我们工作的幸福感。然后，我开始在我的会议议程中加入培训练习，以满足团队中较新成员的需求。这是项并不起眼的工作。事实上，大多数团队中的老成员基本没有注意到我的努力。然而，我知道这是实现我们团队目标的必要一环，我愿意投入为团队取得成功所需的辛勤工作中。

总体而言，由于这些会议，我们能够提前进行多次调整，即使在我们的团队规模正迅速扩张，产品发布的频次和速度都在增加的情况下，我们也依旧能保持每个成员的同步。这也为我打开了大门，让我能够承担更多更具挑战性的项目管理工作，它以一种对我个人来说真正有益的方式帮助我，提升了我的技能，拓展了我的角色。

由于我主动承担了协助在整个团队中落实管理工作的责任，而梅耶尔与他们接触较少，慢慢地，我成了团队中较新成员眼中的专家。这意外地使我受邀加入了产品团队的校准委员会，该委员会每 6 个月对我们的团队成员进行评估、晋升和奖金评定。能够参与高级领导层会议是一种特权。我之所以被邀请参加，是因为我自身已经具备所需的专业知识和独特视角，这有助于他们更有效地利用资源来激励和支持整个不断成长的团队。

把自己置于新的聚光灯下，接受评判和审查总是有风险的，但停留在自己的舒适区也是有风险的。我宁愿冒险主动尝试解决一个问题，哪怕不成功，也不愿成为因为不作为而让团队失败的那种人。

识别团队内部需求、主动创建解决方案，并在还未被邀请帮忙的情况下充满热情地着手解决问题，这些能力正是你胜任领导角色的关键，而不仅仅是资历。在工作中保持一种略带不安的兴奋感，正是我们展现勇敢、追求进步的关键所在。

保有“第一天”心态

我在亚马逊的个人办公桌可能有一天会被摆放在博物馆里。2002年，当我坐在那里的时候，它就已经是一个标志，而现在在公司里，它更是如此。

当贝佐斯在华盛顿州贝尔维尤的出租屋车库里创办亚马逊时，他很快就厌倦了跪在坚硬的地板上打包货物以完成客户订单。起初，他考虑购买护膝，但后来他意识到他真正需要的是包装桌。他去出租屋对面的商店买桌子，但这些桌子对于贝佐斯来说过于昂贵。最后，他买了打折的普通木门，亲手制作了打包货物用的桌子。我在亚马逊的办公桌就是几年前贝佐斯亲手在创业车库里制作的 3 张木门桌之一。这张桌子是坚韧、牺牲和谦卑品质的实体象征，这些品质是实现他梦想所必需的。

这些木门桌成为节俭这一公司核心价值的象征，而这也是亚马逊官方的 14 项领导力原则之一。事实上，贝佐斯在年度全员会议上，会向提出最具创新性想法的员工颁发迷你版的复制品——“门桌奖”，以此作为对他们的奖励。

分配有限的资源

对我而言，或许是因为我每天都坐在贝佐斯亲手制作的门桌上办公的缘故，相比于“门桌奖”，“只管去做奖”对我更有激励作用。我从未获得过这个奖，但我可以肯定地说我尽力了！“只管去做奖”是以耐克的著名口号命名的，颁发给那些在未等待许可的情况下将公司的 14 项领导力原则付诸实践的人。他们只是因为做了正确的事情，就这么简单！

当我在亚马逊工作时，这个奖项曾经颁发给一位在配送中心工作的女士。当她在打包盒子时，她注意到休息室里一排排自动售货机发出刺眼的荧光。她认为这些灯泡在浪费能源，所以她就伸手进去，关掉了一半的灯泡。她的这个举动为亚马逊节省了不少的能源成本，从而引起了管理层的注意。

我努力效仿这位女士，尽可能体现公司的价值观，即使我只是公司中一个极不起眼的成员。我记得当亚马逊在网站上推出美容品类时，我们想要尽可能地节俭。我们决定，与其聘请传统的代理机构或支付专业模特的费用，不如让我们的员工充当模特，这样更能体现谷歌的价值观。我帮助美容品类上线团队招募了尽可能多样化的员工，从中选择上线活动的代言人。当我得知我们办公室里兼职处理邮件的女孩被选为上线活动的核心代言人时，我感到非常激动。这不但是公司最为经济的选择，而且还将我们客户的多样性置于首要位置。

我很庆幸在亚马逊正值草创期时加入，彼时企业的生死存亡完全仰仗全体员工创新求变、灵活应对的决心。亚马逊在数十年后仍然保持着主导地位，这要归功于贝佐斯著名的“第一天心态”，这样的心态渗透到公司的每个层面：他把每一天都当作公司的第一天来对待，此时的成功并非必然。

今天，我们倾向于认为亚马逊的成功是必然的。它怎么可能不成功呢？然而，在当时，情况并非如此。在亚马逊首次公开募股前后的那段早期岁月里，它经常面临人们的质疑、批评性的头条新闻，有时甚至遭到明目张胆的嘲笑。贝佐斯经常说“创业者必须愿意在很长一段时间内被误解”。许多人没有耐心，要么太早放弃，要么根本不去尝试。通过坐在他自己手工制作的门桌旁，还有将公司位于西雅图的新办公楼命名为“第一天大楼”这种种方式，贝佐斯每天都在提醒自己。

虽然我们的个人目标可能不是像贝佐斯那样成为世界上最富有的人，但我们可以遵循他的行为模式，在自己的领域取得前所未有的成功。

做一个积极的学习者

尽管贝佐斯的成就是无与伦比的，但将这些领导力的经验应用到日常生活和目标的机会是无限的。我必须给自己足够的时间去发现什么样的项目能驱使我充满热情、愿意大胆地冒险，并始终生活在舒适区之外。

我所遇到过的真正有影响力的人，他们首先学会的是，如何让小任务成为取得前所未有的成果的催化剂。你必须足够谦卑，如果有必要，甚至可以跪下来让你的梦想变为现实。许多人被自己舒适区内的平庸成就所吸引，从而剥夺了发现自己的极限并超越它们的快感和喜悦。

在多年的“学徒”生涯后，我尝试将卓越领导力的经验应用到自己的创业公司上，却发现这比我预想的更具挑战性。当我鼓足勇气离开硅谷自立门户时，我绝对不是一夜成功的。

在自立门户的最初几年里，我被一股强烈的恐惧所笼罩，不仅担心自己的公司能否生存下来，更糟糕的是，我担心自己是否正在迅速失去与整个行业的联系。没有谷歌或亚马逊这样的大公司做后盾，我感到自己渺小而无助。

我决定加倍努力，重新应用我在职业生涯中学到的经验，而不是屈从于那种几乎令人崩溃的恐惧。我需要从被动和小心翼翼的状态转变为积极学习的状态，并在追求个人抱负的过程中毫无畏惧地成长。

我很快意识到，为了成为我的咨询客户所倚重的关键顾问，我必须重拾行业调研的习惯，不断提升我的方法和专业知识。我需要再次把我的工作当作我的个人商学院来对待。

我开始将每天上午的时间优先用于阅读，阅读尽可能多的与我的客户讨论的主题相关的书籍和文章。我再次开始研究每个我不认识的名称和我对当前服务的行业不了解的术语。我沉浸在学术期刊、案例研究和各种文本中，这些资料不仅拓宽了我的思维，还让我接触到了那些我从未有过的商业实践模式和经验。

若想将我在硅谷的经验和最佳实践应用到客户所在的多样化行业中，我就需要积极地进行研究和实验，看看哪些经验适合转化应用，哪些则不适合。

我不仅需要成为企业战略的专家，还需要涉足金融科技、农业科技、人工智能等多个领域。我不能只停留在理论上，躲在书本后面或因为害怕犯错而裹足不前。我必须进行实验、调整，并在确定最终结果之前将我所学的付诸实践。

成为一个积极的学习者而不是被动的工作者，几乎可以将任何工作变成一个里程碑，你可以在此基础上获得巨大的成功。但有时这也是令人恐惧的，因为你生活在理解和磨炼直觉的边缘。这是我能够胜任咨询工作的必经之路，也是我按照客户需要不断成长的唯一机会，以便继续为他们做出贡献。

我再次提醒自己，我需要把大规模的持续学习看作自己的职责范围内的一部分，而不是一个无关因素。我必须充满激情，坚韧不拔，不怕失败，并且不安于现状，就像贝佐斯、梅耶尔和施密特曾经教导过我的那样。

生活是一所永恒的学校，而你则是课程的负责人。拥有与众不同或更为丰富的生活的真正秘诀不在于更努力或更长时间地工作，而在于确保适当的冒险，高效地利用你的能量和资源，有力地推动自己向前发展。

实现具有影响力的目标的关键要素，在于舍弃安逸的现状，去追寻创造那些具有创新性和变革性的事物，而这类事物，本质上都是陌生且充满挑战的。

审视自我

你有什么特别的节奏平衡你的激情、价值观和工作吗？你是否有办法利用你有限的资源来为自己谋取利益？你是否有独特的观察视角或者能够接触到你团队的一部分，从而将其转化为成为项目领导的机会？你是否有一个想要追随的榜样人物，可以从他那里寻找灵感？你是否给自己设定了挑战性的项目和创新思考的时间？你有哪些方法可以将所学转化为行动？有什么愿景让你感到不安但充满激情？你的团队目前面临什么问题，你可以尝试解决吗？你可以自愿做些什么事情体现你独特的价值？

把握机会

你需要学习或练习什么，以便让自己更接近某个大胆的目标？你需要保持什么样的节奏来维持你的长期效率？

拥抱挑战

今天就开始大胆行动吧！

BET
ON
yourself

第 8 章

永远推动自己向前

有意识的转变比留在
舒适区更能获得对自我的掌控。

转折点是每个人生活和事业中不可或缺的一部分，无论是有意为之还是无心插柳。在混乱时刻到来之前，制定一项策略会给自己带来竞争优势，并预先减轻一些不可避免的压力。我人生中的一些转折点给了我巨大的力量，另一些则令我痛苦不堪，但每一个都让我获得了宝贵的经验，这些经验我恐怕无法通过其他方式获得。

最艰难的转折是你突然失去最珍贵的东西，并认为这是你自我的一部分。即使是自主选择的、有目的性的转折点，通常也会引发同样的压力，因为它们需要我们放弃一些美好的东西，并相信这些美好的东西将被一些伟大的东西所取代，这个过程考验着我们的信念和决心。

转折点既可以让我们崩溃，也可以让我们获得成长，或者二者兼有。我们需要利用一些策略来平衡生活变化带来的压力，帮助我们在经历转折之后能够走出困境，过得比以前更好。

在下一次转折到来之前，你可以做以下这些事。

职业生涯中的关键投资

BET ON Yourself

- 学会管理成长的压力。
- 争取自己的权力。
- 找到并追随合适的夏尔巴[①]向导。

当我回顾自己的职业生涯时，注意到一种当时对自己来说并不明显的成长模式。正如乔布斯在斯坦福大学的毕业典礼致辞中所讲的那样，构成我们人生历程的点点滴滴，往往只有在回顾时才会被联系起来，才会变得有意义。这正是人生关键时刻可能会让人迷失方向的原因之一。

发生在我身上的一些事也许会让你产生共鸣。20 岁时，我初入职场，当时并没有预先规划过应当如何与有权势的人一起工作，但我确实带着强烈的求知欲和雄心壮志踏入职场。在这个过程中，我一直尽可能多地学习。无论我选择的道路多么出人意料，至少，我已尽力将自己经历的点滴联系起来了。

我希望能有一个人生导师帮助我尽早明确人生规划，但我同样很感激那些改变人生的经历，以及每天所获得的智慧。我很高兴最终找到了在变化中掌控压力的方法，并在此过程中体会到控制的感觉。

管理压力，像亚马逊一样不容忍“熵”

我入职亚马逊的第一天就发现，贝佐斯将“转折点”这一观念作为

① 指夏尔巴人，散居在喜马拉雅山两侧，主要在尼泊尔，少数散居于中国、印度和不丹。如果没有当地夏尔巴人作为向导，很多人将无法成功登顶珠穆朗玛峰。——译者注

企业文化的核心要素。很少有公司在早期阶段就具有这样的智慧和远见，而这往往是成功的上市公司与那些普通的公司之间的区别。贝佐斯并没有等到公司的现有系统和渠道无法满足需求时才投资建立新系统，他的愿景是建立世界上最具影响力的公司之一，为了实现这一目标，他需要不断进行调整。他将“转折点”作为公司成功的系统指标，这意味着在亚马逊的企业文化中，变革永远利大于弊。

贝佐斯将这种转折点文化称为“第一天心态”。当公司处在“第一天”的状态中，公司能够适应新兴技术、新趋势以及新的市场需求，并将关键的转折融入其商业模式中。公司各部门需要迅速做出决策，实现快速转向，由于是扁平的管理结构，可以保障创新想法被倾听和被采纳。公司发展壮大后应当避免“第二天”的状态，即充斥着官僚主义、认知僵化和规避风险的保守思想的状态。

贝佐斯把亚马逊的企业制度设计得既灵活又强大，这也很符合个人职业发展的正确模式。

避免自满情绪

贝佐斯向我解释了亚马逊的增长战略不容忍“熵”。熵是热力学术语，是衡量封闭系统中无法被有效利用的能量的指标，也是衡量系统无序程度的指标。贝佐斯认为，随着公司的发展，效率低下难以避免，如果不积极制订计划来对抗熵，公司就会僵化，无法及时对变化做出响应。

熵也会发生在个人身上。有时我们会变得自满，继续遵循一贯的模式和习惯，即使那已经不再符合我们的价值观，或是不能继续推动我们朝着更大目标迈进。待在舒适区被认为是更明智或至少更安全的选择，因为它让人产生的依赖感和熟悉感掩盖了可能会被浪费的潜力。**当我们充分发挥自己的才能，利用自身的优势，并不断朝着新目标努力时，一开始我们可能会感到危险和迷失，但随之而来的则是收获成长和更大的幸福。**

然而，让人意想不到的是，**当我们有意识地努力做出有目的的改变时，我们会比停留在舒适区时更能够控制自己。**在舒适区，我们往往不再需要对未来负责。但是，当我们自己开始计划有所改变并且付诸行动时，我们反倒不容易因生活中的意外和变化而受伤。

生活给我们所有人都带来了意想不到的考验、试炼和痛苦。我们的命运会发生什么改变，正取决于我们如何面对这些时刻。这些时刻有时是无法预料的，有时则是我们自己选择的。重要的是，通过这些经历，我们应该知道，我们要接受哪些舒适区以外的东西，以获取回报，而哪些则是在告诉我们需要做出改变，另寻出路。这并不容易，因为我们只有通过不断试错才能建立这种认知。

你必须确定自己的最终目标，才不至于在迂回曲折的过程中迷失方向，就像专业的芭蕾舞者在舞台上不断旋转行进一样，你需要找到一个定点并紧盯不放，这样才不会因为眩晕而偏离既定路线。

即使是世界上最强大的 CEO 也会经历自我怀疑的时刻。高绩效者有别于愿意让渡权力的人，不是因为前者更勇敢，也不是因为他们没有负担，两者主要的区别在于他们能否在这种长久的自我怀疑的心态中依旧积极生活。

直面自我怀疑的时刻

2017 年 6 月，我和施密特在巴黎参加 Viva 技术大会时，他教会了我一个道理：**始终推动自己前进，不被过去的自我定义所束缚。**当时我们刚刚和他的演讲撰稿人马特一起写了一份稿子，内容是随着机器学习和人工智能的发展，世界正在步入一个新时代。这份演讲稿充分表达了乐观的态度，旨在缓解人们对科技发展过快的担忧，并向全球听众保证，这些技术将会带来更多利益，并为各个层次、各种类型的行业提供新的就业和发展机会。

施密特是一位才华横溢且经验丰富的演说家，但在这次上台之前他似乎有点紧张，这很不寻常。可能因为这次是全新的演讲，而且他之后的演讲者是当时的新任法国总统埃马纽埃尔·马克龙，后者的演讲主题是将法国打造成“初创企业的国度”。

在施密特上台之前，我俩远离了来来往往的工作人员，这样施密特就可以专注于他的演讲内容，继续润色这篇新起草的演讲稿。由于会议中心的后台空气不流通，而且巴黎天气炎热，我和施密特都被汗水浸透了。马克龙总统到达之前，他的安保团队提前清查了每个房间，并用安全封条封住了门，所以我们待的地方一丝风都没有。施密特走上舞台时，我都已经汗流浃背了。

施密特最大的天赋之一就是能够用浅显的方式解释高度复杂的技术，让即使是对科技了解很少的人也能完全理解。这场关于机器学习和人工智能的演讲让人工智能技术不再只是名牌高校的学术研究内容，而是成为人们茶余饭后的话题之一。在施密特成为技术领袖之后，他更加认真地承担科技代言人的角色，他总是督促自己做得更好，接触更多的人，试图为全球社区提供更多帮助。他知道压力的来源，但仍感到难以摆脱。

当施密特演讲结束下台后，我知道他会像往常一样来找我要笔记和反馈。他径直走向我，认真而又轻声地问道："我的表现还好吗？"我放下了自己的反馈笔记，笑了一下说："当然可以！因为你是埃里克·施密特！"他微笑着摇了摇头说："你知道吗，我还是需要时常提醒自己，我不再是来自弗吉尼亚的小施密特了。"

在过去的 20 年里，我一直与国家元首、CEO 以及各种你能想象到的权力人士打交道。我想要告诉你的是，他们无一例外都会经历自我怀疑和沮丧的时刻。**我们都会经历沮丧时刻，需要偶尔提醒自己：我们应该以自己的生活为中心，坚定地站在聚光灯下。**高绩效者认为负担和压力只是一时的，而不是长久的，他们不会让这些时刻成为他们持续的常态。

施密特向我展示谦卑的那一刻，以及他愿意与我分享那一刻的态度，让我意识到我不再是来自西雅图的小希亚特了。通过不懈的训练、努力和抗争，我有资格争取任何我应得的位置。

争取权力，找到属于你的观众

对我来说，2016 年是转折之年，无论是自己的职业生涯还是个人生活都发生了意想不到的巨大变化。2015 年，我的一位同事去世后不久，我迎来了自己生活中的一个重大转折点，而这一切始于一件小事。

多年来，我和我的团队每周都会安排一天时间在谷歌 X 实验室工作，施密特负责主持每周的高层管理会议。我们坐在这个充满创意的空间，周围都是我见过的最优秀、最有远见的梦想家。10 年间，我见证了他们在谷歌联合创始人布林和谷歌 X 负责人阿斯特罗·泰勒（Astro Teller）的带领下，将看似不可能的想法变成了现实：在 Waymo 公司，他们研究出了让无人驾驶汽车成为现实的必要技术；他们建造了可以升至平流层的高空气球，以创建空中无线网络为偏远地区提供 4G 互联网服务，这个项目叫作潜鸟计划（Project Loon）。在这些工程师中有一个非常聪明的人，名叫丹·弗雷丁伯格（Dan Fredinburg）。

生活上，丹和我没什么交集，但我们入职谷歌的时间前后只隔了 6 个月，在接下来的 9 年里，我们每周至少见一次面，其间还会寒暄几句。丹是那种很会享受生活的人，他在谷歌 X 实验室担任隐私主管，还创办了谷歌探险团队，该团队致力于制作偏远地区的高质量地图照片，例如大堡礁和山脉，并上传到谷歌地球，这样可以让无法身临其境的人们也能体验这些奇观。他的目的是帮助人们体验、欣赏和努力保护我们星球的自然之美。

不幸的是，丹和另外 3 名谷歌员工在记录珠穆朗玛峰攀登路线时遇难，在地震引发的雪崩中丧生。在遇难前他正做着他最喜欢的事情，遇难时他才 33 岁。

无畏地生活

丹去世后，他的家人以他的名义设立了一个慈善机构，并创建了名为“Live Dan”的网站，鼓励那些受到他启发的人像他一样“无畏地生活”。看到这个网站，我恍然大悟，因为自己当时正处在人生的低谷时期。

尽管经过多年的心理治疗，进行过无数次泪流满面的交谈，以及我坚决的抗议，我 15 年的婚姻还是走到了尽头。我觉得我没有必要讲述自己的离婚故事，因为这是我前夫基于他自己的原因做出的决定。我能说的是，自己没有处理好这件事。

我有好几年都处于悲伤中，不愿面对现实。我通过过度锻炼和长时间待在办公室来逃避自己内心的孤独和痛苦。那时我意识到，如果我去世了，绝对不希望任何人像自己这样生活。那一刻，我无比清醒。

丹的家人写道：“‘像丹一样’就是鼓励你活出自我，按照你想成为的样子来生活。没有什么是做不到的，有时这意味着选择一条更艰难、人迹罕至的道路。丹选择了那条鲜有人走的路，他是自己人生旅程的主宰者，他探索了一个充满无限可能和幸福的世界。”我不仅想亲身实践这一点，还想成为激励他人的榜样。这些年来，这个愿望以各种各样的形式实现了。

人们都说危机很可怕，它却是宝贵的财富。我可以告诉你，一旦我接受了自己的命运，我就会带着勇于面对充满无限可能性的新现实的心态跑向终点，我决定成为自己命运的主宰者。我决定，**与其沉湎于失去的悲伤，不如将全部心力倾注于创造那些能让自己引以为傲的事物上。**我希望自己的人生新阶段与兴奋、勇气和成就同义。

我开始冒险，在克服困难的过程中发现了新乐趣。我并不是说因为完成困难的事情而快乐，**真正的快乐在于尝试，而不仅仅是到达个人成就的顶峰。当我们只关注旅程结束的那一刻时，会错过真正值得庆祝的里程碑：获得了力量、汲取了知识、克服了恐惧。**一段旅程是我们个人唯一能完全控制的部分，而旅程的终点往往不在我们的掌控之中。我们无法控制我们的工作成果会受到怎样的评价，我们只能让自己拥有足够的勇气去尝试，一旦发现在这种追求中获得快乐，我们的生活就会变得更加精彩，真正的幸福也就触手可及了。

开启这种新的生活哲学之初，我总是小心翼翼。我只是开始接受那些我曾经说“不”的事情，然后就如同打开了新世界。

站上舞台

某天，一个素未谋面的人仅仅是在领英上浏览过我的个人资料后，就向我发出了邀请，希望我能在几个月后于纽约举行的一个会议上演讲。我从未演讲过，甚至从未参加过针对首席顾问职位的会议，所以我的第一反应是拒绝。但当看了我的日程安排，我发现自己那周本来就要在纽约办公，内心觉得值得一试。事实上，我不认识任何参会人员，所以即使失败了，也不会造成什么真正的伤害。至少，我觉得这是一次学习的机会。

在去参加那次会议时，我并不知道会发生什么。我是唯一一个演讲时没用 PPT 的人。我只是分享一些故事和心得，真诚地讲述我在职业生涯中的所学，这些东西来之不易。在一群专业演讲者中，我完全是新手，但我不希望自己的演讲有瑕疵，这有碍于我分享自认为对他人有价值的东西。

上台之前，我自然而然地感到紧张。幸运的是，开始演讲后，紧张感消失了，我放松下来，能够真诚地演讲并与听众建立联系。

演讲结束后我得到很多积极反馈，我很享受与听众谈论我自己的故事时能引起他们的共鸣，这让我松了一口气。我敢肯定，如果今天再看一遍我的演讲录像，我会无比尴尬，但毫无疑问，我很高兴自己愿意冒险尝试，也让我从此打开了新世界的大门。

我的演讲结束后，会议发言人之一的薇姬走上前来祝贺我第一次演讲顺利完成，并问我是否需要一些关于演讲的反馈。我曾看她做过一场关于微软产品的技术培训，尽管我从未使用过微软产品，也不需要技术培训，但我很喜欢她的整个演讲，甚至在整整两小时的时间里都被她的演讲吸引了。她是一位很有魅力的演说家，她巧妙地把深奥的专业技术知识和自身的幽默感相结合，让观众保持兴趣。

她能够主动提供反馈并帮助我发展这项新技能，让我感动不已。我们交换了联系方式。一周后，也就是感恩节的前几天，她打电话给我，给了我一些具体的建议，这些建议让我的演讲内容变得更有条理，更容易让听众长期记住。她认为我演讲的原始内容具有影响力和独特性，还认为我是一个天生的演讲者，她非常鼓励我继续演讲。

与薇姬结交是我职业生涯中的意外之喜，她注意到了我的天赋，并主动花时间指导我做得更好。她给我一些简单易行的建议，让我的演讲能力迅速得到提升，她鼓励我以职业生涯的故事为例，把演讲内容归纳为 5 个易于记忆和理解的关键点。那时的我不敢主动向她寻求这些建议。

自那以后，我在五大洲的舞台上都发表过演讲，也在这些活动中结识了一生的朋友，这些朋友完全改变了我的人生。这一切都是因为我接受了演讲邀请，尽管我当时觉得自己并没有做好准备。与志同道合、雄心勃勃的人分享我的经历，这使我感到非常满足，他们正努力提升自己，并充分抓住职业生涯的机会。

我还利用这项新技能为谷歌提供了帮助，在都柏林办公室和纽约总部举行的全球培训活动上，我讲述了员工如何扩大自己的职业前景和影响力。能够把我学到的许多经验教训传授给后辈，这让我感到非常有成就感。

两年后，我受邀参加在得克萨斯州奥斯汀举办的西南偏南大会（SXSW）[①] 并发表演讲，而且正好在施密特演讲的前一天。我们一起乘坐他的私人飞机去参加会议。尽管我们在会议上被分配的舞台大小有明显的差异，但对我来说，作为他亲自指定的学徒，能分享这样的经历就已经很美妙了。

接受聚光灯下的失败

其实我在演讲领域也经历过失败。那是在我演讲生涯的初期，我受邀在密尔沃基的一场大型会议上演讲，而观众与我平常接触的创新者和变革者大不相同。主办方把我安排在了他们最大的舞台上，面对成千上万的人，我很高兴有机会与这么多听众交流分享。然而，我很快就发现自己分享的内容没有像往常那样引起共鸣，演讲结束后，几乎没有人愿意与我交谈。

① 西南偏南大会每年都在得克萨斯州举办，是规模非常大的音乐盛典。——译者注

回到加利福尼亚州后，我要求主办方给我反馈，以便我改进我的演讲内容和表达技巧。我知道这次演讲并不是很成功，所以我预计会有较大的改进空间。他们根据我的要求让我看了与会者对我演讲的全部反馈，那些反馈真是毫不留情。那一刻我感到很丢脸，当时就哭了，想着再也不会踏上演讲台。这完全不同于多年前我与薇姬的相处经历，当时她给我的建议让我得以更好地表达想法。相比之下，密尔沃基的与会者的反馈中没有任何具体可行的建议，他们只是纯粹地不喜欢我，无法与我产生共鸣。

这件事伤了我的自尊，但也只是暂时的，因为我意识到了一个重要的事实：他们根本不是我的听众。我并不适合每个人，我也没必要适合每个人。我一生中从未有过比这更自由的领悟。如果我没有接受这个事实，我永远不会在更接近我理想听众的舞台上演讲，比如西南偏南大会上的企业家们。

懂得放手

在重塑自我的过程中，我意识到加利福尼亚州也许不再适合自己。那里有我太多生活和过往的痕迹。

2017年的前三个月，我几乎把所有东西都变卖或捐赠了，包括我的车、房子、家具、衣服、艺术品，等等。我触摸并怀念我在婚姻中收集的每一样东西，看着它们离我而去——每一份结婚礼物，每一段回忆，每一个梦想。我因此感到痛苦，很多个夜晚都是哭着入睡的。当送走最后一件东西时，我身边只剩下两个手提箱和三个旅行袋。断舍离的过程很煎熬，但完成的那一刻，我立刻感到了自己一直追求的那种解脱感，而这只是我的生活即将彻底改变的开始。

我在谷歌的工作是我的安全网，也是我唯一剩下的个人身份认同感和自豪感的来源，但我深知为了开启生活的新篇章，自己需要冒险。

我向施密特申请调到伦敦办公室工作几个月。2016 年 6 月，英国刚刚完成脱欧公投，决定退出欧盟。没有人知道这对欧洲企业和经济意味着什么。接着，法国和德国总统选举如期而至，我们预测政治和商业格局将发生更大的变化。

我向施密特提出请求：派我去欧洲，跟进欧洲政策动态，保障团队沟通顺畅并辅助 CEO 推进决策实施，这样我们可以在重要的发展和关系中保持主动。在欧洲发展和加深战略政治关系，并利用我们的影响力和专业知识实现公司的目标，这是我明确的商业理由。令人宽慰的是，施密特同意了。

2017 年 4 月 1 日，我最后一次关上了我在加利福尼亚州森尼韦尔的家门，搬到了伦敦，接下来会发生什么，我并没有明确的计划。这是我有生以来第一次没有任何依恋，摆脱了所有的束缚和期待。鉴于我一贯谨慎的性格和气质，这是我中年危机的一次彻底爆发，我决心控制住它。

接下来的两年里，我彻底颠覆了自己的生活方式，像个流浪者一样，与慷慨的朋友们去世界各地的城市里生活。我可以以任何想得到的方式自由地重塑自己，没有任何限制。我已经走过了钢索的一半，退而不进没有任何好处。有限的选项可以明确自己的目标，从而激发想要尝试的勇气。

我决定，我不想再向自己或任何其他人证明我的价值，我只想热爱我的生活，热爱它的一切。

我从“悬崖”跳下，而谷歌就是我的降落伞。我在伦敦找到了新的家和归属感。我非常努力地工作，并合作开展了在全球范围内具有重要影响力的项目，这让我重新找回了认同感和使命感。那个夏天发生的全球历史中，我也许处在某个小部分的中心。

我与伦敦团队合作举办了谷歌营地（Google Camp）会议，该会议将世界上最有影响力的人聚集在意大利，并用一周时间共同解决全球性的问题。我还配合通信、活动和政策团队，合作举办了“谷歌时代精神”活动，这次活动期间施密特采访了约旦的拉尼娅王后以及英国前首相安东尼·布莱尔（Anthony Blair）。我还与谷歌文化研究所团队合作，在美国自然历史博物馆举办了一场发布会，他们当时已经将所有收藏品数字化，让全世界任何人都可以免费访问。我在德国安排了与总理默克尔的战略会议，讨论如何设计政府政策来激励和支持本土民众创业。我们还参加了慕尼黑安全会议，与军事决策者们交流探讨了人工智能等技术的开发事宜，还与宝马等行业战略合作伙伴探讨了无人驾驶汽车的未来。

我正在为自己的生活打造一个新的方向舵，但我还没有找到属于自己的北极星，我需要一个向导。

想找到合适的导师，必须先知道自己要去哪里

硅谷有一项为顶尖科技人才提供正式导师的悠久传统。这与持续学

习和探索的文化不谋而合。施密特在谷歌担任 CEO 长达 10 年，同时也成为 Alphabet 的执行主席，他已经找到了自我发展的舒适节奏，但他仍然不断努力成长，从中获得启发并到达新的高度，其中很大一部分与导师相关。

就像奥运会运动员一样，施密特明白，虽然他在自己的领域是世界上最优秀的人之一，但他仍需要持续的指导和一个客观的外部观察者来帮助他发挥出自己的最佳水平。比尔·坎贝尔是施密特的长期导师。作为硅谷精英的导师，坎贝尔拥有丰富的经验。15 年来，坎贝尔指导了谷歌、Intuit[①]、eBay、雅虎、Twitter 和 Facebook 的高管。

对我来说，坎贝尔最令人印象深刻的不是他拥有众多顶级 CEO 客户，而是他把每个人都当作世界上最重要的人。他的善良毋庸置疑。他本可以面带微笑地略过我，但他选择花大量时间指导我，让我觉得自己是团队中重要的一部分，是他关心的人。

2016 年，坎贝尔因癌症去世，享年 75 岁。为了举办他的追悼会，苹果公司史上第一次推迟了季度财报电话会议。在追悼会上，我与一些当时最有影响力的高管坐在一起一同落泪，我们共同分享了有关坎贝尔的趣事，还有他教给我们的经验教训。

坎贝尔的导师风格可以概括为“全方位指导”。他永远考虑大局，而不聚焦于某一特定的商业挑战。他让前来咨询的高管们记住他们是谁，他们珍视什么，以及他们想要为这个世界做出什么贡献。失去所爱之人的痛苦常常伴随着重新审视生活的机会，让我们确保自己仍在正确

① 一家专注于财务管理与税务服务的科技公司。——编者注

的轨道上，专注于对自己真正重要的事情。

创造自己的“虚拟导师”

我很幸运能够接触到一些伟大的思想，并且我希望更加深入地思考如何利用这些思想激发自己的潜力，以获得更高水平的进步。我认为，如果想要获得我所渴望的个人成长，就必须建立自己的人脉网。

事实是，即使没有亿万富翁的人脉，你也可以轻易获得同样水平的激励和指导。我把对方认作长期导师，对方甚至不知道我的存在，因为我们唯一的联系就是我在网上关注他们。这些人拥有令人钦佩的能力和职业生涯，我观察他们，并将他们每个人的一小部分特质融入榜样模型中，最终创造了一个综合导师的形象。

为了确定谁最适合作为我的导师，我必须先明确自己的职业目标。我写下了自己的梦想清单，上面满是我在职业生涯中想要学习和实现的事情。以学习为中心，而不是以头衔为中心，这样我才能够发现那些可能被自己忽视但具有巨大影响力的机会。

我最害怕一生碌碌无为。我害怕这样的命运，于是我愿意冒险，愿意为出人头地而承担风险，愿意接受不可避免的失误、尴尬和其他人的评判。

其中一个最重要的步骤是，我不仅要确定在有限的时光里想做什么，还要明确为什么要这么做，以及想和谁一起做。**创建理想未来的第一步是寻找那些已经在我希望达成的重大目标上领先我 5 到 10 年的人。**

我知道自己想成为一名公司创始人，所以我积极寻找那些展现出我所期望的领导特质的榜样，并深入研究他们的成长轨迹、关键转折点和成功策略。

我知道自己想在全球舞台上演讲，所以我研究了谁正在与我梦想的听众交流，并尽我所能了解他们在这些舞台上发声的漫长道路。

我知道自己想把工作重心放在赋能者和教育创业者上，让他们过上充实有意义的生活，所以我寻找那些致力于社会公益的领袖，并研究他们是如何让更多的人听见自己的声音。

我尽可能地采访那些愿意与我分享经验的人，并对那些我尚未有机会见面的人进行深入研究。对于我来说，寻找合适的导师是终生的任务。我真正学到的一点是，任何一个能持久产生影响的人都不是一夜成功的。这意味着，我必须制定一个即使在我默默无闻的早期阶段也能持续实施的策略。

如果你觉得自己在这条道路上独自前行，那会是一趟孤独的旅程，所以我尽量多地了解我在别人身上看到的成功之路，然后逆向设计一条路，让自己能够达到他们现在的位置。**当我发现自己钦佩的思想领袖时，我会看他们是从哪里开始的，他们的人脉网中有什么人，他们参加了什么会议，然后我寻找自己可以模仿这种进阶的方式。**

在互联网时代，你不需要一张精英人脉网就能从最优秀的人那里学到东西。

不要等待他人的许可

我逐渐意识到，从一开始，我就把自己当成了学徒，我每天都尽可能多地汲取经验，因此那些指导者的观念已经融入我的日常生活中。与身边志同道合的人分享这段经历时，我才觉得自己真正找到了自己的位置。这就是为什么我喜欢在会议上演讲，指导和鼓励其他有抱负的人。我在尽自己所能传递向上的精神，这令我感到满足。我意识到，当我教导他人和指导自己时，我自身的学习水平较以往已经完全不同了。

我见过很多看似平平无奇的人成为世界各地的领导者，因为他们大胆自信，早在他们知道自己要做什么之前就举手发问了。任何希望被视为领导者的人都需要把注意力从自我提升转移到推动他人的进步上。施密特经常说，真正的领导者和经理之间最大的区别在于，领导者激励员工，而经理告诉员工该做什么，就是这么简单的道理。在你职业生涯的某个时刻，站在聚光灯下成为你的使命所在，你完全可以自信地在舞台上占据一席之地。

2018 年 9 月 1 日，我离开了谷歌，我在这家人人梦寐以求的公司里工作了 12 年。之后，我决定独自开始全新的生活。这事听起来很疯狂，我偶尔还会质疑自己的决定。10 多年来，谷歌一直是我的港湾，我的大家庭，我的身份归属地和舒适区。现在，我第一次构建属于自己的梦想，而不是受雇于他人去实现他们的梦想。

在离开谷歌后的生活中，我在很多重要方面从零开始。在一个新的国家，说着一门新的语言，融入新的文化，并建立了新的人际关系。这种新的开始可能会让人感到恐惧。每当我感到压力太大时，支撑我坚持走下去的是我从硅谷的工作经历中学到的成功原则，以及那些帮助我找到人生方向的导师们。

无论生活里还是事业上，我最想要的是创造价值，让他人有能力创造我们想要看到的美好世界。我知道自己的价值观和热情所在，所以能够顺利熬过创业过程中的迷茫、恐惧和疲惫。

我又回到了关心身边每一个人的做法，而不是试图在工作上超越他们。我给我的工作和客户提供的东西，不仅仅是项目、问题或挑战本身。我优先考虑工作的质量和深度，而不仅仅是投入的时间或最终的结果。

有了这种心态，我就能深入了解客户真正想要解决、创造、贡献的是什么，并且立即抓住问题的核心。我发现在指导他人的过程中，我自己也得到了长足的个人进步。

我终于松了一口气，因为我发现，这种学习应对成长压力的循环，通过做困难的事情来展现我的能力，找到正确的导师，不仅仅是跟随他们，而是成为引导他人的人，我发现我一直都有能力掌控自己的未来。

如今我争取参会名额时，已经不再需要假借他人名义。事实上，这些漫长而痛苦的转变带给我太多东西，但不是重塑自我，而是揭示我一直以来的真实自我。

我意识到，我本身就已足够好。

自我进阶指南
BET ON Yourself

审视自我

你是否因自满而错过了生活中本应到来的冒险？你能否克服疑虑坚定前行？你打算如何展现自己的力量？你想站在哪个舞台上，以何种身份为人所知？你准备放下阻碍你前进的一切束缚了吗？你现在能创造什么样的“虚拟导师”帮助你成为你想成为的人，站上你想到达的位置？熵是否悄悄渗入了你的日常习惯？你是否认为接受新的挑战能为工作增添更多乐趣？你是否过着值得他人效仿的生活？你是否有激励自己进行下一步行动的导师？你是否花时间打造过自己梦想中的未来？

把握机会

什么样的成长项目能让你进步更多？你身边是否有愿意支持你成长并引导你前进的人？

拥抱挑战

这周你就要行动起来，在工作中接近你的理想未来。

BET
ON
yourself

第 9 章

找到自己的节奏，不必讨好所有人

不要逼迫自己，

要找到深深吸引你的事情。

事实证明，韧性是一种需要长期培养和发展的能力，并非一蹴而就的。它就像肌肉，要想保持强健，你需要定期使其处于紧绷和疲劳的状态。成为一名企业家，创办自己的公司，这是我职业生涯中迄今为止经历过的最出乎意料的日常挑战。通过这个过程，你才会发现自己在理论上理解的事情和在实际中会做的事情之间的差别。

发掘自己的真正价值，要有源自内心的自信，这种自信不受任何头衔、公司或外部赞助的影响。我每天都在寻找自己的价值，我发现有 3 个关键的方法非常有效。

职业生涯中的关键投资

BET ON *Yourself*

- 重新包装自身技能。
- 制订个人商业计划。
- 牢记经历挣扎和困难才能获得力量。

虽然我接受了精英导师的创业教育，但我发现这个过程既令人筋疲力尽，又令人兴奋不已。一切都在无意中开始。

重置自己，重新开始

当我向同事们提起，我打算离开工作了12年的谷歌时，有些人就开始给我介绍工作机会，那些都是我平常不敢申请的工作，这令我大受鼓舞。

在与施密特一起共事的10年里，我经常与他的风险投资公司Innovation Endeavors开展项目合作。他们有一种特殊的、价值驱动的投资方式，这吸引了我最感兴趣的那类企业家。Innovation Endeavors的CEO德罗尔·伯曼（Dror Berman）偶尔会把我介绍给与其合作的优秀CEO，并请我帮助他们解决一些具体的增长问题。

这些年来，我遇到过许多创业公司的年轻CEO，我很乐意回答他们关于公司运作和程序方面的问题。我很自然地想要把我在职业生涯中从贝佐斯、梅耶尔和施密特等人身上学到的一些优秀的工作方法和经验分享给他们。我很喜欢与他们边喝咖啡边交流，帮助他们度过早期的决策时刻是一件非常吸引我、让我感到鼓舞的事。

当我做全职工作时，很难系统地与他们交流，因为我没有多少时间，而且也不知道什么时候有空。我没有接受过任何关于这种商业指导的正式方法培训，所以我也不知道到底该从哪里开始。我不清楚那些早期的谈话能够给他们提供多少帮助，但我确实在这个过程中学到了很多。

当我最终决定离开谷歌时，几位公司的CEO问我是否可以正式成为他们的导师。我觉得这是一个很好的想法，这使我在欧洲进行自我探索的同时，也可以做一些项目，同时还保持了在硅谷的人脉关系。我决定搬去西班牙，一个与硅谷截然不同的地方，在那里我可以真正地、彻头彻尾地重塑自己。无意间，那个时光成为我创立公司的第一阶段，现在我的公司专门为客户提供高管层优化、领导战略和逆向制定宏伟目标等服务。在过去的几年里，公司的业务有了很大的发展。我在谷歌的工作经历为自己提供了宝贵的知识和经验，这些是我创建和发展公司的关键。

投入未知领域

开始时，我非常谨慎，只敢迈出很小的步伐，只给熟人提供咨询服务。我的第一个客户是一位相识已久的 CEO。他是一位才华横溢、待人诚恳且充满使命感的领导者，正是我乐于合作的那类人。他的公司是一家农业科技初创公司，其建造的室内农场与传统农业相比可节约 99% 的土地和 95% 的水，专门种植无农药和非转基因的作物，对植物、人类和地球都更有益。他们致力于为开发不足的市场提供新鲜农产品，这些农产品与传统农业生产的农产品相比，营养更加丰富。我非常认可他们的理念，所以我觉得这家公司值得我投入时间。

我与这位 CEO 合作的第一个任务是帮助公司更好地协调工作。具体而言，就是要优化各州偏远地区的工作团队和高层领导之间的沟通和协作。他们发展迅速，需要建立可以扩展规模的系统。这是一个有趣的挑战，同时我对自己在这个领域的专业知识还是非常有信心的。

然后，他们又请我做一个在中东的项目。当时，迪拜为了打造“中东的硅谷”，推出了丰厚的奖励措施，吸引初创公司在阿联酋设立办事处。这家公司对那些激励措施很感兴趣，问我是否愿意去迪拜帮助他们推进合作谈判事宜。

阿联酋迫切需要实现农业的进步，因为粮食始终是一个关乎国家安全的重要问题，毕竟他们不能总是依赖友好邻邦来满足本国公民的需求。和平时期的友好关系未必能经得起考验，所以发展室内农业对双方来说也许是一个双赢的解决方案。虽然我以前从未和政府官员就电价进行过谈判，但我认识迪拜未来基金会（Dubai Future Foundation）① 的首席运营官，他可以帮我牵线搭桥。他曾担任阿联酋总理办公室的未来、前瞻和创新顾问。于是，我坐上飞机飞往迪拜，尝试做一些从未做过的事情，当时我的内心既忐忑又兴奋。

在飞往迪拜之前，我与妹妹就此事聊了聊，我在谷歌的大部分时间都是和她一起工作的。我告诉她，自己将去阿联酋与当地政府就电价问题进行谈判，而谈判的结果对于与我合作的这家公司能否实现营利性扩张非常重要。她郑重其事地问我："你要去谈这个？你知道怎么做吗？"我坚定地回答道："不知道，我一点儿头绪都没有，但我觉得在去的路上就会弄清楚的！"当时的我别无选择，内心坚信船到桥头自然直！

旅程一开始，我就格外担心自己能否记住谈话要点，因为我完全不懂那些与农业技术相关的术语。于是，在从西班牙到迪拜的漫长飞行中，我一直背诵笔记，记住了所有要点。不幸的是，我所准备的谈话要点很快就成了我最不担心的事情，因为更大的麻烦正在等着我。

① 成立于2016年，这只基金将迪拜定位为未来的领导城市，寻求未来发展的新机遇。——译者注

在旅途中，我在飞机上患上了此生旅行时最严重的流感。我因鼻窦炎而导致头痛、咳嗽、发烧。刚抵达迪拜，我就飞奔去机场药房买了所有我能携带的药物，然后瘫坐在一辆出租车座位上。当我到达迪拜费尔蒙酒店时，酒店工作人员眼见我病得厉害，就免去了常规的正式入住手续，直接把我送到了房间，酒店经理还主动送来了茶水和水果。我瘫倒在床上，尽管坐了一整天的飞机，到达酒店时已经是当地时间凌晨 2 点多了，我却没有一丝困意。

第二天早上，我一点儿精神都没有，差点儿无法起床去冲澡，但我下定决心要在那些令人生畏的政府官员面前展示自己的最佳状态。

谈判前，我是会议室里唯一一个不去倒茶的女性。只要我回答得简短明了，就可以避免咳嗽，从而顺利讲完一整句话。为了止住咳嗽，我不断麻烦服务员给我的杯子里冲泡柠檬蜂蜜水。最后，我奇迹般地挺过了这次会面，这也为我们接下来半年的多次重要对话开了一个好头。

虽然迪拜的项目最终没能实施，但这次经历证明了我有能力参加高难度会议，而在过去我只能为他人的展示写简报。从那以后，我信心倍增，而且对自己的能力有了新的认识。

在迪拜逗留期间，我的感冒症状进一步加重了，但我还不能回家。我答应在伦敦举办的一场发布会上为我的新客户发言，她是一家开发旅游应用的初创公司的 CEO。我们在一个共同朋友的介绍下认识，对我来说，与她携手合作似乎能建立起一种理想的伙伴关系。能和一位女性创始人一起工作令我非常激动，她公司的目标客户是商务旅客。我觉得在她的公司的起步阶段自己可以轻松地指导她，但非常遗憾，我没能在她面前展现我的最佳状态。

在从迪拜飞往伦敦的航班上，由于起飞和降落时的压力影响，我感觉自己的耳膜差点儿就要震破了。我真的被痛哭了，空乘人员甚至问我是否需要紧急降落，而我却傻乎乎地忍着痛，坚信到了伦敦一切就好了。我去参加发布会，整个人看起来状态非常差，不停咳嗽，根本无法好好地说话。我硬撑着接受了录制的媒体采访，与参会人员见面，并第一次与她的团队进行面对面交流。我对于没能提供更多的建议感到很沮丧。

我不但在发布会上的演讲不尽如人意，而且由于一心只想着创办自己的公司，未能像往常那样为她提供一贯的、积极的帮助。我那时只感到心烦意乱，不知所措，效率低下。我感到非常痛苦，因为我知道自己可以做得更好，而且我想弄明白自己要怎么做才能在这个新环境中充分发挥自己的能力。我在这里负责的工作千头万绪——会计核算、签订合同、简报撰写、拟订旅行计划、演讲写作，等等。我不但辜负了客户，也辜负了自己。

相信自己的直觉

不久，我又遭受了一次失败。这接踵而来的打击让我意识到我必须重置自己。我还在坚持谷歌的工作节奏，但早已没有明确的方向，我不知道自己想要做什么，为谁而做，以及从每个机会中到底能学到什么。

为了弄明白这一点，我付出了惨痛的代价，眼睁睁地看着一家初创公司走向自我毁灭。我一直为两位初创公司的联合创始人提供咨询服务，他们准备得非常充分，看上去已经具备了成功所需的一切条件。他们非常有潜力，而且他们的想法在我看来也有很好的发展前景，然而从一开始，我的脑海中就隐藏着一个截然不同的商业计划。

他们的筹款目标非常大胆，而我在筹款数目和筹款来源方面与他们产生了分歧。我很担心，因为他们的商业模式还不清晰，产品概念相对薄弱，且面临非常激烈的市场竞争。

我敦促他们要率先向市场推出一款一流的产品，并聘请那些出类拔萃且薪资较高的优秀人才，他们却强烈地认为必须先尽快找到投资者，以便招聘他们要想获得成功所需的技术人才。因此，其中一位联合创始人担任公司的 CEO，主要负责筹集资金，另一位则担任首席技术官一职，专注于产品的技术和专利开发。

这位 CEO 特别擅长筹集资金，也乐于与名人和有影响力的人会面，以尽可能多地获得种子轮融资。他们公司聘请了顶尖人才，在已经饱和的人工智能初创企业市场上看起来非常有竞争力。可是，公司的首席技术官本应该只专注于产品的深层技术研发和专利申请，但他总是和 CEO 一起去会见那些富有的潜在投资者。

两人同时出差导致的最严重的问题就是，公司实际上处于无人管理的状态。没有人愿意做那些“无聊”的基础工作，比如管理人员、创建操作流程、进行日常审批或制定增长战略等。公司根本没有领导，两人虽然顶着领导的头衔，但是他们的心思不在公司，他们不愿意把时间浪费在与领导职位相关的工作上。

他们在没有任何产品的情况下，居然筹集了一大笔资金，甚至都没有明确地指出他们想要解决的问题以及目标客户。我一遍又一遍地说出自己的担忧，结果却遭到忽视、轻视，甚至到后来产生了自我怀疑。从那以后，我眼睁睁地看着这家公司一步一步走向瓦解，公司不仅失去了许多来之不易的资产，还丢失了大量才华横溢的员工，这一切都是因为管理层的自大，导致他们没有意识到自己的优势未能得到充分发挥。

我见过许多人疯狂地追求地位或头衔，他们认为只有这样才能得到家人和同龄人的认可，但他们并未因此而感到快乐。一份听起来有趣、厉害，且表面上令人羡慕的工作往往会吸引人们的注意力，但这并不是他们每天想要做的事情。这些自我破坏的“受害者”往往是一群非常聪明、非常努力的人，他们想通过头衔获得尊重，却觉得对应的核心责任令其筋疲力尽，因为那不是他们真正热爱的东西。

多年以后，回顾那段早期的咨询经历，我发现那家公司走向失败的原因不仅在于创始人的自大，还有我出于恐惧而采取的自我封闭式举动。我没有对他们公司的管理方式主动提出疑问，而是在对他们的怀疑中保持沉默。我不但没有积极地坚守底线，反而开始不接他们的电话，不再参与他们的项目。现在回想起来，我在面对挑战时的这种一反常态的退缩反应明显是出于我的恐惧，没有谷歌为我撑腰，没有了在谷歌工作时积攒的声誉，我不知道该如何独立发挥自己的影响力。

我的内心被恐惧占据，不知道自己在做什么，连我本能的自信也被他人动摇了。我看不到自己真正独特的价值，甚至开始自我怀疑。如果我想成为一名企业家，我就必须做出改变。

调整配速，设定新规则

这段经历让我不得不停下脚步，认真地审视自己，好好想一想我该如何规划自己的职业生涯。我接的客户太多，事情发展得太快，我无法快速地按照程序执行来满足所有随之而来的需求。不知怎么地，在我创建的公司里，有太多的人占据了我的大量时间，导致我根本无法按照以往的标准来完成所有的事情。

我对自己进行了深刻反思，意识到自己必须在一个更加坚实的基础上重新开始。讽刺的是，我无法有效地管理自己的工作量，也没能创建出一套能随着我的成长需求而不断扩展的管理系统。我必须先躬身实践，遵循自己的商业建议，才能真正地帮助别人。

我选择坐下来认真思考自己的问题和解决策略，我写了一份详细的商业计划以及想要在工作中实现的目标，同时我意识到咨询服务只是我想要提供的一部分业务。我已经做过很多次这种自我规划了，即使是在亚马逊和谷歌工作的时候也是如此：我在为自己的个人和职业成长绘制路线图。如果我没有在大型公司的庇护下做过这样的规划，我不确定自己是否能在第一次独立创业时便如此清晰地找到自己的方向。

认清自己的使命

我意识到，在我职业生涯的下一个阶段，我必须弄清楚自己究竟想要什么、不想要什么，只有这样，我才能制定自己的职业规划，并做好帮助他人的准备。我不想同时面对多个领导和耗费精力的项目，也不想有一个无法真实反映我的优先事项或价值观的日程表。我的确想要创造价值，但首先我要确定我想为谁服务以及我能为他们提供什么。

我知道，我之所以会使自己处于这种境况，是因为我害怕自己不得不靠运气来接受合作客户和项目。我意识到，我不能再对任何出现在自己面前的项目都加以接受了，我需要做出取舍，并对我选择的项目积极地投入精力和时间。于是，在安排与客户初次会面之前，我会要求潜在的创业者客户通过一项测试，以确保双方在价值观、可交付成果和期望值方面完全一致。客户通过测试后，我们会签署一份为期 3 个月的试用合同，以观察我们是否合适，之后再考虑签订长期合同。

我想要合作的是那些双方拥有共同的热情和影响力目标的项目。我只接受那些工作和人员与我个人的价值观密切契合的项目。我希望与我合作的公司能够造福社区、为少数群体创业者提供成长的机会，或者拥有为整个行业带来革命的潜力。我选择与之合作的创业者必须渴望学习，虚心接受意见，愿意承担合理的风险，并且把员工和使命放在高于一切的位置。

我撰写了一份个人使命宣言，它为我确定了真正的工作方向，并通过回答我要为谁服务、我为什么要这么做，以及我要如何实现它等问题，来指导我所有的商业决策。我为自己确立的使命是“通过切实可行的教育和指导，在全球范围内培养并支持少数群体的创业者，帮助他们创造出我们希望的美好世界”。牢记这一使命，我在选择客户和项目，以及在分配时间和资源投入时，就显得游刃有余了。我想要积极主动地去寻找那些少数群体的创业者，帮助他们发声，这就意味着我需要扩大自己的影响力，走出舒适区。我优先考虑的不是能带来丰厚经济利益的项目，而是与我的价值观紧密契合的项目。我把时间和资源都花在了创办具有全球影响力的积极教育事业上。这份使命宣言就是我的北极星，从那以后，我眼前的路就变得清晰而畅通了许多。

随后，我结束了先前所有的业务，重新开始。除了那家农业科技公司以外，我和其他客户都结束了合作，同时敞开未来合作的大门。当我清楚了自己的使命，我的影响力也随之显现。

我意识到，以前那种仅靠比其他人更加努力地工作的方式已经不能满足我的要求了。于是，我决定要比其他人更加用心地关心他人的需求。这个小小的想法让我的心态有了很大的转变。如果我比其他人关心得更多，那么我为客户做出的贡献就不仅仅是解决面临的项目、问题或挑战了。我优先考虑的不是工作的时长和最终结果，而是对工作的质量保证和深刻见解。我会更加深入地挖掘客户真正想要解决、创造和贡献的东西，并且我也非常善于抓住问题的核心。

在会议桌上占据一席之地

在离开谷歌之前，我就以独立创业者的身份，接手了一个最具变革性的项目。2018 年 3 月，我在西南偏南大会上进行了一场演讲，之后我注意到一条关于我演讲的推文写得非常不错，其中分享了一些颇有深度的观点。于是，我回复了这条推文，并与这条信息的发布者克里斯展开了交流。他住在英国，对我讲的内容有自己独到的见解。

那次大会结束后不久，我就被调到谷歌伦敦办公室工作，之后我和克里斯约好一起喝咖啡，继续我们的谈话。我完全没有想到，那次会面居然最终让他在 6 个月后邀请我加入他们的董事会，这是我的第一个董事会席位。克里斯是一位连续创业者，在与他的每次交谈中，我都能感受到他的真诚、远见和与生俱来的导师才能。他是一家总部位于英国布里斯托的客户关系管理（CRM）机构的董事会主席，同时还担任了其他职务。

克里斯正在为公司董事会物色一位非执行董事，他希望能引进一位具有多元视角和技术背景的人，来帮助他们实现公司的一些长期增长目标。他和他的两个合伙人——CEO 詹姆斯和首席财务官安迪，刚刚完成了公司的管理层收购，并想对公司进行彻彻底底的改革，使公司在新的数字营销领域具有竞争力。当他问我是否有兴趣加入他们的董事会时，我笑出了声，以为他在开玩笑。当时我对客户关系管理一窍不通，认为自己还没有能力在这个层面做出任何贡献。

邀请一位来自硅谷的美国女人加入董事会，这听起来简直太疯狂了。我既没有营销行业的专业知识，也没有在当地社区建立稳固的人脉关系，但这正是克里斯所设想的那种局外人，一个能够以全新视角改变现状的局外人。事实证明，克里斯明白让一个新手参与的好处，并再次给我上了一堂生动的商业课。

我飞去布里斯托与他的两个合伙人会面，内心忐忑不安，我不知道这次会面会有怎样的结果。然而，晚餐结束时，我们 4 个人产生了共鸣，都觉得这是一个值得的冒险。加入该公司的董事会是我离开谷歌后经历的最具挑战性也最有意义的人生转折之一。我必须把自己在硅谷学到的知识转化为适用的原则和策略，以适应新的行业、不同的增长规模和欧洲市场。这次工作经历对我而言是上天的恩赐，让我准备好去接受其他几个有价值的客户项目和董事会职位，但也许最重要的是，它让我学会了要相信自己能够在科技圈之外仍有用武之地。

在我加入董事会一年后，我们进行了自我评价和团队评价，这实实在在地帮助我提升了自信心，也提高了我对公司的贡献质量。其他董事会成员给我的反馈是一致而明确的：要大声发表意见！

我总是担心自己因不够专业、无法提供有价值的意见而浪费他们的时间，除非我被直接点名，否则不会主动提出意见或建议，但这种默默的等待是完全没有必要的。

在一个关键的董事会项目上，公司 CEO 詹姆斯明确指派我担任“质疑者”的角色，他要求我预测所提出的解决方案中可能存在的问题，并找出其中的漏洞。这项任务让我大开眼界，我突然意识到自己有很多话想说，只不过，我一直在等待发言的许可。

在谷歌工作了 12 年之后，我已经习惯性地认为一个人只有拥有丰富的经验才能为他人提供专家级的意见和可靠的建议。我一直在等待那种感觉再次到来，然后我才敢真正地在董事会上大声发言，但我忘了在我职业生涯早期所学到的重要一课——正是我的局外人身份和新手的视角才让我有资格大声发表意见并提出尖锐的问题。正因如此，我才能在这张会议桌上占据一席之地。公司给我现在的职位，看重的不是我的知识的深度，而是我的视角和经验的广度。

我每个月只去公司一次，很难对公司有深入的了解，因此我缺乏在谷歌时所拥有的那种自信。针对这个问题，我们立即做出调整，自此董事会每周召开 1 小时的视频会议，这让我更加全面地了解了公司当前存在的问题，哪些方面进展顺利，哪些方面需要改进，等等。每当召开每月一次的董事会会议时，我就能够多掌握一些公司的基础信息，并能据此提出更具实质性的建议。

得到了这种坦诚且鼓舞人心的反馈后，我开始提出更多问题，这样我就能够对影响公司每个决策的因素有更深的理解。我还根据自己看到的其他公司在面对类似情况时采取的成功做法，开始为公司提出更多建议。这让我在公司发挥了更大的作用，也让我更加相信自己可以为任何行业、处于任何发展阶段的领导者带来真正的价值。

尽早面对无法跳过的 100 万个错误

一旦明确了自己想要的商业模式和理想客户，我就可以集中精力去解决我认为阻碍我前进的其他方面，其中一个主要的挑战就是我将在一个新的国家创办公司。西班牙轻易地满足了我的期望，那是一个进行反思和头脑风暴的理想国度。在这个国家，我每一天看到的、听到的、尝到的都给我带来快乐和灵感。然而，当我从硅谷搬到西班牙的一个沿海小镇时，我却低估了即将经历的文化冲击所带来的严重影响。

无论是银行、餐馆还是民众，小镇处处都沉浸在缓慢的节奏中。你知道吗，一个城市的人流量与其专利申请量是直接相关的。每个城市都有一个可测量的“心跳”，它与居民的态度、紧迫感和创新倾向有关。我认为这完美地解释了为什么自己会如此强烈地感受到生活节奏的变化。在度假时，这样的环境变化无疑是令人着迷的，但当你肩负着重塑自我的使命时，这样的环境变化可能让你觉得格格不入。事实证明，这正是我所需要的震撼，只有它才能唤醒我内心深处的渴望。

我怀念那种经常乘坐飞机会见重要人物的生活节奏。我需要想方设法摆脱当前这种迷茫且碌碌无为的感觉。我突然变成了一个人的团队，无依无靠，除了我，没有任何资源。在这一刻，我才真正体会到独自创业者所面对的严酷现实。我需要重新坐回驾驶座，再次进入快车道。

培养谦虚的态度

我需要重拾自信和身份。我发现学习西班牙语远比我想象的要困难得多。记得年轻时，我学过几门外语，并且还讲得很流利，所以我以为我会对这次学习的过程得心应手，但事实并非如此。这也许是因为我的年纪大了，记忆力变差了。回想 21 岁那年，我住在瑞典，在不到 6 个月的时间里就能说一口流利的瑞典语。

我在生活中面临的挑战已经足够多了，但对我来说，无法顺畅地沟通和无法建立真诚的人际关系，让我感到无比沮丧。我偶尔会因为自己的西班牙语讲得不够流畅而感到不知所措、孤独无助。我觉得自己有时候看起来很无聊，因为我在聚会上语速太慢了；而有时候很无趣，因为我常常感到分享故事是不值得的。我无法正确使用西班牙语的 4 个过去时态，这让我非常尴尬，而这些时态是交流所必需的。

过了一段时间，我不得不让自己放松下来，提醒自己千万不要被学习这门新语言的艰巨任务所吓倒。我只需要从细微处开始，一点一点地学，最终一定会掌握这门语言。于是，我开始每天早上花 3 小时上西班牙语课，并下定决心在与朋友的交谈中全神贯注，即使听不太懂他们所说的话，我仍会花大量时间积极倾听，而不会心不在焉地去看手机，即使我非常想这样做。

在学习西班牙语的过程中，我有过许多令人尴尬的经历。关于学习一门语言，我听过最好的建议就是：你必须犯100万次错误，才能把这门语言说得流利，所以你不妨丢掉犯错时的羞耻感。没人能越过这一步。所以，每当我犯错而尴尬得要命或别人说话太快导致我完全听不懂时，我都会提醒自己，距离自己能流利地讲西班牙语的那一天，我又前进了一步。

有时候我犯的错误非常可笑，以至于和我说话的人当场就笑得前仰后合。比如有一次，我试图向我的发型师解释为什么当天赴约时没有化妆，而我平时都是化妆的。我原本想说自己没有时间“化妆”（maquillaje），结果却说成了我还没来得及“黄油”（mantequilla）。当她弄明白我想表达的意思后，忍不住大笑起来，过了好久，才安静下来。我不想说谎，当时我羞愧得脸一下子就红了。当你觉得自己愚蠢时，你会非常难受。然而，当我想到那一刻或那一个错误反而让我朝着自己的目标迈出了一大步，我一下子就重新振作起来。

我为自己设定的所有主要目标都是这样实现的。**在实现目标的过程中，失败是必不可少的。你无法跳过这一步或不可避免的100万步，所以你不妨尽早克服自己的心理障碍。**在我的职业生涯中，这一点体现得淋漓尽致。

设定一个可控的节奏

2020年初，我以为自己终于有了一个很好的计划，可以实现自己想要达成的目标。我与客户建立了良好的关系，也终于再次感受到了我一直怀念的在谷歌工作时的那种节奏。我感到有压力，但不会不知所措。我手里甚至有一份想和我合作的公司名单。我花了很长时间去思考如何更好地扩大我的咨询服务规模，以在不增加我工作时间的前提下帮助更多的人。我整个年度的演讲都已经安排满了，并且开始组织一些自己的活动。在这些活动中，我将集中精力完成高管层优化和设定公司影响力目标，并且自己已经开始联系潜在的参与者了。但就在此时，新冠疫情暴发了。

3 月 11 日，我从西班牙飞往美国得克萨斯州的奥斯汀市，准备在西南偏南大会上第四次发表演讲。然而就在最后一刻，大会被取消了。更糟糕的是，我一到美国，西班牙的疫情就突然变得异常严峻，我的返程航班被取消，西班牙边境也关闭了。我被困在了奥斯汀，于是我决定飞往西雅图，和我的家人待在一起。我非常担心西雅图的家人和西班牙的亲朋好友的健康和安全，因为他们都处在世界上疫情最初暴发的热点地区。幸运的是，他们都很健康，于是我开始担心我的客户了。我几乎每天早上 5 点前起床，联系欧洲的客户，又在每天下午联系美国的客户，所有这些工作都是在我高中时居住的卧室里完成的。

我的每一个客户都发现自己正处于一个重大的转折点，为了公司的生存，我们需要调整他们的经营战略、公司政策、日常开支和工作场所。整个世界在此刻都陷入了恐慌和不知所措之中。我帮助客户建立起一套系统，让公司的 CEO 不仅能与员工保持联系和交流，同时确保他们在不断应对各种挑战的过程中，仍能展现领导者的自信。

这些领导者发现，他们的团队最需要的是人与人之间的共情。员工们希望听到领导承认安排给他们的工作困难异常、千头万绪、令人沮丧。当领导者试图表现得过于完美或自信时，其产生的结果往往事与愿违。

共同的困难和情感的共鸣可以将团队牢牢地团结在一起。最重要的是提高公司内部的透明度以及信息传达的清晰度和一贯性。在公司为了生存而不得不做出将员工停职或裁员的艰难决定时，尤其如此。

当你不确定终点线在哪里，或不知道如何规划最佳前进路线时，你很难保持团队前进的动力或者制定出一个具有凝聚力的生存策略。这让我想起了自己定期参加的动感单车课，教练丽贝卡总是在课前就清晰地说明在训练课上将要面对的挑战。音乐一开始，她就会说，先做 3 个 30 秒的站立冲刺，每次冲刺之间可以休息 60 秒。这有助于我掌握节奏，并在冲刺时更加拼命，因为我知道自己可以在冲刺的间隙稍作休息，恢复体力。

有一个星期，丽贝卡休假了，于是我跟着一位代班教练一起训练。这次训练的内容和丽贝卡通常的活动安排非常相似，但这位教练没有提前告诉我们训练内容的习惯。我们只是一味地冲刺、爬坡，也不知道还要咬牙坚持多久才能放松下来。在这次课后，我注意到我的卡路里消耗量明显低于与丽贝卡一起训练时的平均消耗量。两人安排的训练内容几乎相同，唯一的差别就是跟代班教练训练时，我不知道如何规划体能，所以我会下意识地保留体能，而不会像以前那样拼命努力了。

就像新冠疫情带来的挑战一样，创办一家公司所面临的日常挑战与这些训练带来的挑战出奇地相似。由于没有人知道什么时候一切会恢复正常，甚至是否会恢复正常，所以许多通常表现出色的人，为了自我保护，陷入了一种消极的甚至放弃的状态。

鉴于这段经历，我改变了服务客户的方法。如今，每当我们要做出重大改变时，我都会制定短期的、可测量的、可控的冲刺目标。我花时间打好基础，帮助他们弄明白我需要他们在多长时间内完成怎样的具体目标。这让每个人都清楚到达终点的时间，以及需要提交的成果。

这种心态转变产生了巨大的影响，它不仅提高了员工的整体生产力，而且使他们很愿意冒险，并勇于承担艰难的工作任务。每个人都知道，我们无法准确地预测要怎么做才能实现一个远大的增长目标，但我们可以清楚地知道这一周或这一月可以做些什么才能在这个新环境中取得成功。

在全球范围内，当时的每个人都在思考如何让自己的职业生涯和公司不被淘汰。这是一种消极状态下的虚假安全感。

在过去的几年里，能够不受地点限制地开展工作，这让我感到非常自由。我毫不怀念当初在加利福尼亚州每天 3 小时的通勤时间和高昂的房租。我现在住在与地中海相隔两个街区的地方，可以随时随地工作。我可以自己选择客户、项目和工作时间，比以往任何时候都能更好地享受生活，这是因为我只专注于做那些我认为有价值且能给我带来满足感的事情。我允许自己放弃任何对我而言不具挑战性或者与我个人的价值观不符的工作。这为我带来了生活的平衡、满足感和成长，而这些是我用其他方式无法获得的。

我必须面对现实，我的一生都在追求进步、学习和成长，但在此期间，我形成了一些不健康的工作模式，而现在自己需要时刻警惕这些模式。由于我总是渴望在更大的舞台上获得一席之地，因此我经常自愿包揽所有事情，只为获得他人的注意和成长经历。虽然这样做在我职业生涯的早期对自己很有帮助，但我现在必须承认，总是被视为得力之人有时也会带来负面影响。

为了成为公司中不可或缺的人，我有时会把自己逼得精疲力竭，沮丧懊恼。因为承担起了太多的责任，我并不是总能获得自己想要的高质量结果。

组织心理学家、宾夕法尼亚大学沃顿商学院教授亚当·格兰特（Adam Grant）解释说："如果你热爱自己的工作，人们就会要求你牺牲睡眠和陪伴家人的时间，无偿做额外的工作，即使这些工作有损人格，也不属于你的职责范围。"格兰特教授称之为"激情税"。令人尴尬的是，在我职业生涯的很长一段时间，自己心甘情愿地沦为了这种激情税的受害者，但现在我开始学会了拒绝。

鉴于我的事业取得了很好的发展，我必须谨慎地预防"过度承诺症"，避免无意中伤害自己。我总是对自己的职业生涯有一个长远的规划，并认识到当我同意做一个冲刺项目以及参与多久时，我需要具备战略眼光。有些时候，这对事业进步至关重要，但只有当你能尽快恢复到日常工作的节奏时，这一切才是值得的。

如果你总是逼迫自己，那么你就会精疲力竭。相反，你可以找一些令你非常渴望，深深吸引你的事情来做。这样可以让你保持前进的动力，能量消耗也会低得多。

你就是自己最宝贵的资产。

审视自我

你现在是否拥有重新包装自身技能的机会，以扩大自己的影响范围？你的直觉是否告诉你，你注定会取得更大的成就？你在生活和工作中的个人目标是什么？你真正想学习什么，想做什么，想把时间花在哪里，想和谁一起度过人生的旅程？你能否为自己设定一些新的工作原则，放开顾虑，大胆冒险，找到对自己更加有益的工作节奏？你现在可以拒绝哪些工作，腾出时间，去做那些能让你真正获得成就感和可持续发展的事情？你有哪些方法可以提升现在的技能，并将它们重新包装，以更加接近自己的终极目标？你是否让自己沦为激情税的受害者？

把握机会

你现在可以采取哪些措施来实现自己的目标？开始工作前，你需要排除哪些干扰？你需要寻求哪些支持？哪些工作让你无法得到提升，反而阻碍你的发展？

拥抱挑战

今天就迈出那重要的第一步，并保持这样的劲头。

步步为营，向改变世界的 CEO 学习如何工作

我想告诉你一个关于提升自我和追求冒险人生的秘密，那就是：越喜欢冒险，就越容易成功。千真万确！我曾经为了庆祝弟弟里德和妹妹伊琳的生日，和他们一起去跳伞，他们的生日都在 6 月，只相隔一个星期。我以前也玩过蹦极，全程都非常害怕。我害怕得根本无法自己跳下去，因此不得不请求工作人员直接把我从平台上推下去。我的弟弟妹妹花了好长时间才说服我，和他们一起去做这件我觉得是比蹦极糟糕 10 倍的事情。

跳伞当天，我一直在等待恐惧感的到来，即使我们穿上跳伞服，看完安全录像，签署了风险告知书，知道了我们即将做的事情可能会导致死亡，我的内心仍然非常平静。我们坐在高空中的飞机上，舱门打开了，我的陪跳教练把我慢慢地推向舱门边缘，我的腿已经悬在飞机外了，在当时我能感受到的只有兴奋。

我和陪跳教练从飞机舱门跳了出去，很快我的弟弟和妹妹也跟着跳了下来，我觉得自己不是在坠落，而是在飞翔。随着不断下落，我们似乎并没有感觉更接近地面，所以我没有意识到自己正在下落，而实际上下落速度非常快！直到经历了漫长的自由落体后，一个降落伞打开，我才第一次感受到了重力的拉扯，但在那片刻的恐惧后，兴奋的感觉又再次袭来。

我认为自己的事业和生活中的所有重大抉择都与跳伞非常相似。当工作节奏如此之快、容错空间如此之小的时候，我根本无法真正理解所做的决定，但这带给我的不是恐惧而是兴奋。在我职业生涯的初期，虽然没能充分理解适当恐惧的重要性，但我总是表现得非常勇敢。当我的经历或冒险只达到蹦极的难度，而没有达到跳伞的难度时，我内心的恐惧感就会瞬间袭来。对我而言，我需要更勇敢，设定更高的目标，才能再次领略那种飞翔的感觉。我想待在高高的地方，这样我就不会害怕了。

我身上没有任何文身，如果有机会，我可能会考虑文“Gradatim Ferociter”这个拉丁词，它的意思是“步步为营，勇往直前”。这个词语恰好是贝佐斯创办的航空航天公司“蓝色起源”的口号，但这并不是我选择它的原因。我认为它是对我选择的生活方式和职业生涯的完美总结——既有分寸又无所畏惧。

如果在这意想不到的生活中有什么共同点，那就是每一个看似微不足道的时刻或决定都产生了比我想象的更加深远的影响。如果我一直很腼腆，做事按部就班，听从别人的建议而不是朝自己选定的方向去生活，那么我就会错过人生中最精彩的冒险。

我这个人并非大胆冒失、不知悔改，对传统或外界观点不屑一顾。只不过我学会了抵制外部的影响，听从自己的内心，并有策略地去冒险，也许，这样做会有特别的好事发生，这就是我的秘密。这就是碌碌无为的人生和精彩的人生之间的差别。

我坚信，世界上的每个人都有自己最擅长的事情，这都源于我们每个人独一无二的 DNA 以及我们独特的个人经历。世界上没有和你一模一样的人，所以你拥有一个独一无二的机会，为这个世界做一些其他人无法做到的贡献。最难的是你要敢于表现，让自己被注意到。

然而，现实很残酷，成功往往并非基于一个人有多么优秀。有些人会成功只是因为他们在正确的时间出现在了正确的地点，有些人则纯粹是运气好。然而，**世界上最成功的、最有影响力的人往往都有一个共同的特征，那就是他们愿意通过努力工作，大胆地去实现那些看似不可能的梦想。**这就是事情的两面性。所以，如果你认为别人比你更聪明、成功的可能性更大，而选择畏缩不前，不敢迈出大胆的一步，那么我想告诉你，事实并非如此。不要让这种错误的想法阻碍你前进的脚步！

如果你决定从今天开始让你的生活中充满冒险，那会怎么样呢？你能做的只有学会在面对困难和学习适应逆境的过程中寻找快乐。这些远比纯粹的天赋更能带来长久的成功。

在我的生活和事业的新阶段，我的目标是树立我所谓的“登月思维”。要想达到这个阶段，我深知需要大量的学习，要不断去试验，并保持坚定的自信，这让我感到既恐惧担心又兴奋激动。人们经常问我硅谷的企业家为什么与众不同，我认为这一切都归结于他们的思维方式。

我所共事过的改变世界的 CEO 都认为，他们没有固定的能力、天赋或潜力。他们自信地认为，他们以前没有尝试过做某件事情，并不意味着他们将来无法掌握它，甚至还可能在掌握它之后取得成功。他们几乎每天都在积极地重塑自我。

有些人具有一种超能力，他们可以毫无顾忌地做梦。这是孩子们与生俱来的能力，他们沉浸在无尽的想象和欢乐中。孩子们从来不会因为声称自己想成为宇航员、兽医或牛仔而感到尴尬或羞愧。这是因为，他们与成年人不同，不需要用自己不知道或未经历过的事情来定义自己。他们学习得非常快，他们有任何成长轨迹似乎都是可信的。他们几乎每天都像是一个新生儿，不会受到昨日的局限，不受过去所达到的成就的束缚。

世界上仍有少数的成年人保持着这种能力，他们可以完全徜徉在那个充满无限可能的未来空间中，我非常羡慕他们，也被他们深深地吸引着。我很荣幸，能与这些梦想家一起共事，并在他们的启发下建立自己的事业。这样的人很罕见，但老实说，我认为这不是必要的。**我们可以通过一些小事来唤醒每个人与生俱来的做梦的能力，无论目前我们有怎样的风险容忍度。**

你生活中有多少时间是在自己的舒适区度过的？让我们来认真计算一下：你一天中有多少时间是感到安全舒适的，每一项任务都能得心应手，每一个问题都能被你预测到，而且你是整个房间里最专业的人？在你的日常生活中，你有多少时间是用来挑战你从未做过的项目和任务的，而在这期间，你需要学习大量的新事物，并且你还是整个房间里最没有发言权的人？

我们大多数人都喜欢做那些我们熟悉的、力所能及的工作和事情。但讽刺的是，对于想要在生活和工作中体验冒险、发挥影响力和收获成长的人来说，这看似安全的区域实际上是一个危险的地方。这就像一个为自己打造的监狱。我们对持续的成功和安全感的渴望，把我们禁锢在自己擅长的事情上，但同时也剥夺了我们通过挑战和奋斗而获得的重塑自我的自由和兴奋，而正是这些挑战和奋斗才能让我们集聚起发挥潜力所需的力量。**特别成功的人会花大部分时间拓展自己的专业知识，并愿意通过失败来学习。**

根据我的工作经历，我了解到，无论我处于生活或事业的哪个阶段，我都可以做一些事情让自己掌控自己的生活。没有什么比无助更让人感觉脆弱了，那是一种面对想要改变自己现状的无力感。我曾多次陷入那种绝望的深渊，而把我从深渊中拯救出来的是我的觉醒。我意识到，只有我能掌控自己和自己的反应。我过去不能，现在也不能控制他人的行为。我无法控制经济的转向、全球疫情的蔓延、疾病，以及他人是否会让我失望，但我总是可以控制自己对这些事情的反应。当你意识到你的人生轨迹只掌握在自己的手中时，这也是一种解脱，即使在最不确定的时刻也是如此。

在过去的 5 年里，当我生活中几乎所有定义我的东西都被颠覆或取代的时候，我仍牢牢坚守着以下这 8 条真理。

第一，给自己一点时间。一个人所处的人生阶段和取得的成就没有固定的年龄或时间表。你可以在任何时候重回学校，换个职业，树立更高的目标，生孩子（或者决定不生），搬去国外，或者培养一个新的爱好。跟随你内心的方向，永远没有错误的时间。

第二，过自己想要的生活。我认识的最不幸福的人是为了让父母、朋友或社会感到骄傲而做出所有所谓“正确”选择的人，但那些选择不是他们真正想做的、想成为的或想经历的。你只需要对自己负责，尽早做出这个决定吧！

第三，多做自己喜欢的事情。我们只能活一次，所以一定要做让你快乐的事情和对你个人有意义的事情，这些事只能由你来定义。你要对自己的个人价值有清晰的认识，并以此指导自己每天的行为。

第四，不要在意别人的评价。我曾受到许多人的指指点点，他们以为我是因为事业而放弃了生孩子，我的婚姻是因为我的野心而失败的，但他们都错了，他们不了解我的痛苦。我不会为自己现在的生活或做过的决定感到后悔，我不想试图获得他人的同情。但这对我来说太难了！

第五，你可以重新定义失败。根据某些标准来看，我有过失败的项目、失败的演讲、失败的学术生涯，以及失败的婚姻、失败的怀孕经历，但我认为正是由于那些失败的经历才让我成为现在这个更好的自己，正是因为那些失败的经历才让我拥有了力量和同理心。即使可以回到过去，重新来过，我也不会改变自己选择的这条路。

第六，随时迎接意想不到的事情。为了找到真正的幸福，我愿意放弃曾经梦想的工作、我的家园、我的语言，以及几乎所有的物质财富。为了找到前进的道路，我不得不沉浸在一个新的领域。你可以选择勇敢地走自己的道路，面对生活的艰难，你要适当地冒险，并相信自己能够渡过难关。

第七，活在当下。如果我没有在看似平凡的日子里始终密切关注着身边的人、事和挑战，我就会错过那些最重要的人生经验。灵感和智慧通常都来得悄无声息，所以你要学会活在当下，而不是一直被未来或远方的事物分散注意力。观察和学习之间存在着直接的联系。

第八，寻找高质量人才。寻找那些能够挑战你、提升你、激励你并重视你的人。不要将就，你未来将成为怎样的人，他们是最重要的影响因素。

我希望你能和我一起，一步一步，勇往直前地踏上这段人生之旅。大胆地投资自己！这个世界需要你！

BET ON yourself

译者后记

随着年龄的增长，我们的生活经历越来越丰富，但你是否偶尔在闲暇时反思过自己的过往？《投资你自己》是美国作家安·希亚特的处女作。她以细腻的笔触记述了自己是如何从一个农民家庭的长女成长为全球众多企业 CEO 的领导力咨询顾问的奋斗历程。读她的人生，好像在听朋友的故事，她分明讲的是自己，我却感觉处处都有我的往事，句句都是给我的建议和鼓励。

希亚特的故事让我印象最深刻的是，她能够从周围环境中获得滋养，从不会怨天尤人。她从农民出身的父母身上看到的是自立、勇敢、努力、创造力和社区意识，她从一次次失败中学到的是成功的可能。她善于时时反思，做到事事成长。我们多少人可以像她一样呢？如果不能从过往的经历中总结经验，吸取教训，那么个人的成长将经历多少曲折！

希亚特让我肯定了“在做中学”的价值。我们不需要等到完全准备好之后再着手行动，而是要大胆尝试。在你的实践过程中，灵感、智慧和惊喜会悄无声息地降临。2019 年，我受邀加入赣南师范大学中小学外语教育研究所，在无任何经费支持的情况下，开始了长达 7 年的英语教育戏剧实践探索。我们团队走进附近多所中小学，长期开展或参与课堂教学、讲座培训和戏剧文化节。这些前期实践帮助我立项课题、发表论文，并成功实现在华东师范大学攻读博士的愿望。

希亚特认为学习比完美的表现更重要，因此我们要勇于抓住机会。当一个人 80% 的时间都在自己的舒适区度过时，他就失去了奋斗的动力。我常常鼓励学生去参加翻译、演讲或写作等各类比赛，但他们觉得自己无法取得好的名次，从而放弃报名。显而易见，任何比赛一定都具有难度，不是轻而易举就能获奖的，都需要比他人付出更多努力才有可能成功。但是，如果连尝试的勇气都没有，那这些能检验和证明自己的机会只能溜走。当我们回首往事时，是否会为自己空白的奋斗经历而遗憾？

这本书是继《打造你的故事资产》后，我与湛庐合作的第二部译著。我非常感谢湛庐的优质严选，也非常感谢赣南师范大学硕士研究生张优美对翻译工作的帮助。这两本书不仅为我的教学工作提供了丰富高效的知识和育人资源，也让我更加清晰地认识了自我，从而更能坦然地面对失败，减少内耗，又能积极地迎接挑战，勇往直前。

马社林（赣南师范大学翻译教研室主任）

未来，属于终身学习者

我们正在亲历前所未有的变革——互联网改变了信息传递的方式，指数级技术快速发展并颠覆商业世界，人工智能正在侵占越来越多的人类领地。

面对这些变化，我们需要问自己：未来需要什么样的人才？

答案是，成为终身学习者。终身学习意味着永不停歇地追求全面的知识结构、强大的逻辑思考能力和敏锐的感知力。这是一种能够在不断变化中随时重建、更新认知体系的能力。阅读，无疑是帮助我们提高这种能力的最佳途径。

在充满不确定性的时代，答案并不总是简单地出现在书本之中。“读万卷书”不仅要亲自阅读、广泛阅读，也需要我们深入探索好书的内部世界，让知识不再局限于书本之中。

湛庐阅读 App：与最聪明的人共同进化

我们现在推出全新的湛庐阅读 App，它将成为您在书本之外，践行终身学习的场所。

- 不用考虑“读什么”。这里汇集了湛庐所有纸质书、电子书、有声书和各种阅读服务。
- 可以学习“怎么读”。我们提供包括课程、精读班和讲书在内的全方位阅读解决方案。
- 谁来领读？您能最先了解到作者、译者、专家等大咖的前沿洞见，他们是高质量思想的源泉。
- 与谁共读？您将加入优秀的读者和终身学习者的行列，他们对阅读和学习具有持久的热情和源源不断的动力。

在湛庐阅读 App 首页，编辑为您精选了经典书目和优质音视频内容，每天早、中、晚更新，满足您不间断的阅读需求。

【特别专题】【主题书单】【人物特写】等原创专栏，提供专业、深度的解读和选书参考，回应社会议题，是您了解湛庐近千位重要作者思想的独家渠道。

在每本图书的详情页，您将通过深度导读栏目【专家视点】【深度访谈】和【书评】读懂、读透一本好书。

通过这个不设限的学习平台，您在任何时间、任何地点都能获得有价值的思想，并通过阅读实现终身学习。我们邀您共建一个与最聪明的人共同进化的社区，使其成为先进思想交汇的聚集地，这正是我们的使命和价值所在。

图书在版编目（CIP）数据

投资你自己 /（美）安·希亚特（Ann Hiatt）著；马社林译 . -- 杭州 : 浙江教育出版社 , 2025. 6.
ISBN 978-7-5722-9920-9

Ⅰ. B848.4-49

中国国家版本馆 CIP 数据核字第 2025HN0067 号

浙江省版权局
著作权合同登记号
图字 :11-2022-250号

上架指导：商业新知

投资你自己

TOUZI NI ZIJI

［美］安·希亚特（Ann Hiatt） 著
马社林　译

责任编辑：苏心怡
美术编辑：韩　波
责任校对：王方家
责任印务：陈　沁
封面设计：Nod Young

出版发行：浙江教育出版社（杭州市环城北路 177 号）
印　　刷：唐山富达印务有限公司
开　　本：710mm ×965mm 1/16
印　　张：17　　**字　　数**：220 千字
版　　次：2025 年 6 月第 1 版　　**印　　次**：2025 年 6 月第 1 次印刷
书　　号：ISBN 978-7-5722-9920-9　　**定　　价**：109.90 元

如发现印装质量问题，影响阅读，请致电 010-56676359 联系调换。